AF544167

EUL
VERLAG

Dr. Andreas Schmidt

Ausgestaltung und Analyse der Kapitalflussrechnung im Jahresabschluss

Nach HGB und IFRS

Bibliografische Information der Deutschen Nationalbibliothek

Die Deutsche Nationalbibliothek verzeichnet diese Publikation in der Deutschen Nationalbibliografie; detaillierte bibliografische Daten sind im Internet über <http://dnb.d-nb.de> abrufbar.

ISBN 978-3-8441-0502-5
1. Auflage März 2017

JOSEF EUL VERLAG GmbH
Brandsberg 6
53797 Lohmar
Tel.: 0 22 05 / 90 10 6-80
Fax: 0 22 05 / 90 10 6-88
E-Mail: info@eul-verlag.de
http://www.eul-verlag.de

Bei der Herstellung unserer Bücher möchten wir die Umwelt schonen. Dieses Buch ist daher auf säurefreiem, 100% chlorfrei gebleichtem, alterungsbeständigem Papier nach DIN 6738 gedruckt.

Vorwort

Die internationale Finanzmarkt- und Bankenkrise, die unlängst zu einer globalen Verschuldungskrise „mutiert" ist, begründet mehr denn je einen erhöhten Bedarf an zuverlässigen und zeitnahen Informationen zur Liquiditätslage von Unternehmen. Auf der Suche danach scheint die Kapitalflussrechnung im handelsrechtlichen wie im internationalen Jahresabschluss ein zentrales Informationstool zu sein, dessen Bedeutung im Rahmen dieser Arbeit insbesondere aus zwei Blickwinkeln betrachtet werden soll.

Vor dem Hintergrund der Neuregelung des aktuellen DRS 21 sollen einerseits eventuelle Veränderungen in der handelsrechtlichen Kapitalflussrechnung in Abgrenzung zum bisherigen DRS 2 analysiert und beurteilt werden. Andererseits gilt es zu diskutieren, ob der DRS 21 zu einer Annäherung des Jahresabschlusses an den internationalen Standard IAS 7 geführt hat.

Allein diese Diskussion lässt berechtigt vermuten, dass Bilanzersteller – aber auch Jahresabschlussprüfer – vor veränderten Herausforderungen in einem sich permanent wandelnden Unternehmensumfeld stehen. Das begründet im Folgenden die Aktualität und Brisanz dieser Arbeit.

Osnabrück, 28. Februar 2017 Dr. Andreas Schmidt

Inhaltsverzeichnis

Abbildungsverzeichnis

Abkürzungsverzeichnis

Abb.	Abbildung
Abt.	Abteilung
AdN	Arbeitspapiere der Nordakademie
AG	Aktiengesellschaft
BilMoG	Bilanzrechtsmodernisierungsgesetz
BilRUG	Bilanzrichtlinie-Umsetzungsgesetz
BB	Betriebs-Berater
BBK	Buchführung, Bilanzierung, Kostenrechnung
BMJV	Bundesministerium der Justiz und für Verbraucherschutz
BR	Business Reporting
BuW	Betrieb und Wirtschaft
DB	Der Betrieb
d.h.	das heißt
DPR	Deutsche Prüfstelle der Rechnungslegung
DRS	Deutscher Rechnungslegungs Standard
DRSC	Deutsches Rechnungslegungs Standards Committee e.V.
e.V.	eingetragener Verein
etc.	et cetera
evtl.	eventuell
f.	folgende
ff.	fortfolgende
Fibu	Finanzbuchhaltung
GBI	German Business Information
gem.	gemäß
ggf.	gegebenenfalls
GoB	Grundsätze ordnungsmäßiger Buchführung

GuV	Gewinn- und Verlustrechnung
HGB	Handelsgesetzbuch
Hrsg.	Herausgeber
IAS	International Accounting Standards
IASB	International Accounting Standards Board
IASC	International Accounting Standards Committee
IDW	Institut der Wirtschaftsprüfer in Deutschland e.V.
IFRS	International Financial Reporting Standards
i.d.R.	in der Regel
insb.	insbesondere
IRZ	Zeitschrift für internationale Rechnungslegung
i.S.v.	im Sinne von
i.V.m.	in Verbindung mit
i.Z.m.	im Zusammenhang mit
JA	Jahresabschluss
KFR	Kapitalflussrechnung
KPMG	Klynveld Peat Marwick Goerdeler
lfd.	laufende
M.	Methode
Nr.	Nummer
PWC	PRICEWATERHOUSECOOPERS
Rn.	Randnummer
SEC	Securities and Exchange Commission
S.	Seite
SFAS 95	Statement of Financial Accounting Standards No. 95
s.o.	siehe oben
sog.	sogenannte

Tz.	Teilziffer
u.	und
u.a.	unter anderem
WPg	Die Wirtschaftsprüfung
US-GAAP	United States Generally Accepted Accounting Principles
vgl.	vergleiche
z.B.	zum Beispiel
ZCG	Zeitschrift für Corporate Governance
ZFB	Zeitschrift für Betriebswirtschaft
ZfbF	Zeitschrift für betriebswirtschaftliche Forschung
Ziff.	Ziffer
z.T.	zum Teil

I. Thematische Abgrenzung

Spätestens seit der internationalen Finanzmarkt- und Bankenkrise 2008/2009, der in diesem Zusammenhang diskutierten „Kreditklemme" und der bis heute anhaltenden globalen Verschuldungskrise steht die Zahlungsfähigkeit in der Realwirtschaft und damit auch die Liquiditätslage von Unternehmen im europäischen Währungsraum im Mittelpunkt.[1] Allein deshalb bedarf es zuverlässiger und zeitnaher Informationen über deren Liquiditätslage, was in den Aufgabenbereich der **Kapitalflussrechnung** (KFR) fällt.[2]

Auch wenn der Begriff „Kapitalflussrechnung" in Literatur und Praxis uneinheitlich definiert ist,[3] liegt die Hauptaufgabe von Kapitalflussrechnungen in der Offenlegung und Kategorisierung der Zahlungsströme von Unternehmen im abgelaufenen Geschäftsjahr.[4] Es sind bedeutende Rechenwerke für die Darstellung der **Finanzlage**, die als dritte Jahresrechnung die Vermögenslage und Ertragslage um wesentliche Informationen über die Finanzlage ergänzen können.[5]

So verwundert es nicht, dass Kapitalflussrechnungen **im internationalen Bereich** seit längerem integraler Bestandteil von Konzern- und Jahresabschlüssen sind. Seit Jahrzehnten sind Kapitalflussrechnungen in anglo-amerikanischen Ländern üblich. Mit der US-GAAP-Norm SFAS 95 „Cash Flow statements" wurden Cashflows erstmals begrifflich konkretisiert, kodifiziert und zum Pflichtbestandteil in Abschlüssen.[6] Dem folgte der IASC mit der Regelung des IAS 7, die erstmals Anfang 1994 verbindlich Anwendung fand (IAS 7.53). Nach IAS 1.10 i.V.m. IAS 7 sind Kapitalflussrechnungen für Jahres- und Konzernabschlüsse Pflichtbestandteile.[7] Da zum einen damit

---

1 Vgl. Kruth, B.-J. (Hrsg.) (2013), S. 5 ff.; ähnlich Zirkler, B. (2015), V-VI; zu den mit der Wirtschaftskrise im Zusammenhang stehenden Niedrigzinsen, die Bilanzierer vor erhebliche Herausforderungen stellen, vgl. Baetge, J./Kirsch, H.-J. (Hrsg.) (2015a), S. VII; vgl. Wüstemann, J. (2015), in: Baetge, J./Kirsch, H.-J. (Hrsg.) (2015a), S. 124 f., S. 130.

2 Vgl. Küting, K./Weber, C.-P. (2012), S. 649 f.; vgl. auch Müller, S. (2015), in: BR 02.2015, S. 52 f.

3 Vgl. u.a. Bej, T. (2015), S. 5; vgl. Busse von Colbe, W./Ordelheide, D./ Gebhardt, G./Pellens, B. (2010), S. 569 f.; vgl. Küting, K./Weber, C.- P. (2009), S. 176; vgl. Coenenberg, A.G./Haller, A./Schultze, W. (2009), S. 770 f.; vgl. zu dieser Problematik auch Eiselt, A./Müller, S. (2014), S. 25 und Buchrückseite: Die Autoren bezeichnen die Kapitalflussrechnung sogar als eines der wichtigsten Steuerungsinstrumente.

4 Vgl. Küting, K./Weber, C.-P. (2012), S. 649.

5 Ähnlich Busse von Colbe, W./Ordelheide, D./ Gebhardt, G./Pellens, B. (2010), S. 569.

6 Vgl. Coenenberg, A.G./Haller, A./Schultze, W. (2009), S. 819; vgl. u.a. zum Anwendungsbereich des SFAS 95 in Abgrenzung zum IAS 7 Seppelfricke, P. (2012), S. 101 ff.

7 Vgl. Heuser, P.J./Theile, C. (Hrsg.) 2012), Ziff. 7700.

international kompatible Regelungen vorliegen,[8] zum anderen von der SEC die Vorschriften des IAS 7 als gleichwertig anerkannt wurden,[9] beschränkt sich im Folgenden die Betrachtung im internationalen Bereich auf die IFRS-Regelungen.

Auch in der deutschsprachigen Literatur wurden bereits in den sechziger Jahren Kapitalflussrechnungen gefordert.[10] Jedoch enthält das HGB neben der Verpflichtung für Konzernabschlüsse nach § 297 (1) S. 1 HGB und für Jahresabschlüsse kapitalmarktorientierter Kapitalgesellschaften nach § 264 (1) S. 2 HGB keine weiteren Vorschriften über ihre konkrete Gestaltung.[11] Der Gesetzgeber verzichtete bewusst auf eine gesetzliche Festlegung der Ausgestaltung und überließ es dem DRSC,[12] den bis zum 31.12.14 letztmalig anwendbaren Deutschen Rechnungslegungsstandard Nr. 2 (DRS 2) und den spätestens für die Geschäftsjahre, die nach dem 31.12.14 beginnen, gültigen Deutschen Rechnungslegungsstandard Nr. 21 (DRS 21) **im nationalen Bereich** zu entwickeln.[13]

Inhaltlich lehnt sich der DRS 2 sehr eng an den IAS 7 an.[14] Im Folgenden wird zu diskutieren sein, inwieweit das Kongruenzargument in dem DRS 21 seine Fortsetzung findet, da es sich um eine grundlegende Überarbeitung des DRS 2 handeln soll.[15] **Ziel der Arbeit** ist es, dies auf Basis wesentlicher Gemeinsamkeiten und Unterschiede zwischen den beiden nationalen Standards DRS 21/2 zum einen und dem internationalen Standard IAS 7 zum anderen zur Ausgestaltung und Analyse der Kapitalflussrechnung im Jahresabschluss unter Vernachlässigung branchenspezifischer Besonderheiten zu diskutieren.

Dazu werden in **Abschnitt II** die Grundlagen thematisiert, die für Kapitalflussrechnungen von Jahresabschlüssen charakteristisch sind. In **Abschnitt III** werden die wesentlichen Gemeinsamkeiten und Unterschiede nationaler sowie internationaler

---

8 Vgl. Wysocki, K.v. (1999), in: DB 47/1999, S. 2373; vgl. Coenenberg, A.G./Haller, A./Schultze, W. (2009), S. 819.

9 Vgl. Adler, H./Düring, W./Schmaltz K. (2002 ff.) Abschnitt 23, Ziff. 4; vgl. Küting, K./Weber, C.-P. (2009), S. 175.

10 Vgl. Busse von Colbe, W.(1966), in: ZfB-Ergänzungsheft 1, S. 82 ff.

11 Vgl. Eiselt, A./Müller, S. (2014), S. 19.

12 Vgl. Institut der Wirtschaftsprüfer e.V. (Hrsg.) (2012), M Ziff. 786.

13 Vgl. BMJV (2014), DRS 21.55 ff.; der Vollständigkeit halber sei darauf hingewiesen, dass evtl. Änderungen aus dem BilRUG in dieser DRS 21-Fassung aus 2014 nicht enthalten sind und deshalb im Rahmen dieser Arbeit auch nicht berücksichtigt werden (können). Ungeachtet dessen betreffen die Änderungen aus BilRUG diesen Themenbereich auch nicht (unmittelbar).

14 Vgl. Eiselt, A./Müller, S. (2014), S. 25 f.; vgl. Küting, K./Weber, C.-P. (2009), S. 175; vgl. Coenenberg, A.G./Haller, A./Schultze, W. (2009), S. 818 f.

15 Vgl. BMJV (2014), DRS 21.B3.

Standards ausgehend vom DRS 21 bei der Ausgestaltung von Kapitalflussrechnungen analysiert und interpretiert. Dabei geht es im Wesentlichen um die Analyse des abzugrenzenden Finanzmittelfonds und dessen Veränderung, um die Ursachenrechnung und die ergänzenden Angaben, wobei die Analyse der Ursachenrechnung wegen der vielfältigen Neuerungen des DRS 21 den Schwerpunkt der Arbeit darstellt. In **Abschnitt IV** werden die zentralen Erkenntnisse zu einem Ergebnis verdichtet und zusammengefasst.

II. Charakteristika der Kapitalflussrechnung

Zunächst wird der Begriff der Kapitalflussrechnung definiert, um darauf aufbauend die Rechtsgrundlagen der KFR im Jahresabschluss und deren Zwecksetzung, wesentliche Gestaltungsgrundsätze und die Grundstruktur der KFR zu thematisieren.

A. Begriffsdefinition

Der Begriff der Kapitalflussrechnung wird mangels einheitlicher bzw. gesetzlicher Festlegung vielfältig definiert und je nach Funktion in Anlehnung an nationale und internationale Standards ausgestaltet.[16] Bei allen Gegensätzen sollte die KFR als spezielles Zusatzinstrument für die Einschätzung der finanziellen Lage anerkannt sein, da es wertvolle Informationen über die Finanzlage liefert und Herkunft sowie Verwendung finanzieller Mittel systematisch gegenüberstellt.[17]

Dementsprechend kann die KFR auch als Mittelherkunfts- und Mittelverwendungsrechnung oder als Finanzflussrechung bezeichnet werden, in der die Entwicklung, Herkunft und Verwendung der Finanzmittel dokumentiert, sowie die Ein- und Auszahlungen der betrachteten Periode strukturiert abgebildet werden.[18] Im Folgenden soll unter dem **Begriff** „Kapitalflussrechnung" die Gegenüberstellung von Ein- und Auszahlungen einer Abrechnungsperiode verstanden werden, um Informationen zur Finanzkraft einer Gesellschaft zu liefern.[19]

Zusammenfassend ist festzuhalten, dass es zwar keine einheitliche Begriffsdefinition zur KFR gibt, es sich aber unstreitig um ein Instrument handelt, das zusätzlich wesentliche Informationen zur Finanzlage eines Unternehmens bietet. Zur Konkretisierung der Begriffsdefinition nach nationalem oder internationalem Recht sind zunächst Kenntnisse zur Rechtsgrundlage und Zwecksetzung der KFR nötig. Dies ist Gegenstand des nächsten Abschnitts.

---

16 Vgl. zur Problematik der mannigfaltigen Definition des Begriffs der KFR Kapitel I.

17 Vgl. Baetge, J./Kirsch, H.-J./Thiele, S. (2011), S. 768; die herausragende Bedeutung der KFR ist allein dadurch zu ersehen, dass diese ein Prüfungsschwerpunkt der DPR sowohl in 2015 war als auch in 2016 sein wird, vgl. dazu u.a. Institut der Wirtschaftsprüfer e.V. (Hrsg.) (2015b), in: WPg 22/2015, S. 1165, vgl. Institut der Wirtschaftsprüfer e.V. (Hrsg.) (2015a), in: WPg 24/2015, S. 1276, vgl. ausführlich zu den Prüfungsschwerpunkten der DPR in 2015 Baetge, J./Kirsch, H.-J. (Hrsg.) (2015a), S. VI und Ernst, E. (2015a), in: Baetge, J./Kirsch, H.-J. (Hrsg.) (2015a), S. 51 ff.

18 Vgl. Müller, S. (2014), in: Freidank,R./Kußmaul, H./Müller, S. (Hrsg.) (2014), S. 3.

19 Vgl. Wöhe, G./Döring, U. (2013), S. 766.

B. Rechtsgrundlagen und Zwecksetzung

Jahresabschlüsse haben gemäß § 264 (2) S. 1 HGB bzw. IAS 1.15 die Vermögens-, Finanz- und Ertragslage sowie die Cashflows von Unternehmen den tatsächlichen Verhältnissen entsprechend darzustellen. Nach § 297 (2) S. 2 HGB hat dies für Konzernabschlüsse analog zu den genannten handelsrechtlichen Jahresabschlüssen unter Berücksichtigung der Grundsätze ordnungsmäßiger Buchführung (GoB) zu erfolgen. IFRS und Handelsrecht dürfte gemeinsam sein, dass die KFR ein den tatsächlichen Verhältnissen entsprechendes Bild der Finanzlage objektiv, d.h. losgelöst von Bewertung und Periodisierung,[20] vermittelt. Abweichend vom IFRS-Abschluss gilt aber im **Handelsrecht**, dass nicht für alle Unternehmen eine KFR aufzustellen ist:[21]

- Nach § 297 (1) S. 1 HGB ist die KFR Pflichtbestandteil im Konzernabschluss.
- Nach § 264 (1) S. 2 HGB müssen kapitalmarktorientierte Kapitalgesellschaften, die nicht zur Aufstellung eines Konzernabschlusses verpflichtet sind, den Jahresabschluss um eine KFR erweitern.

Bezüglich deren Ausgestaltung ist **DRS 21** im Jahresabschluss für Geschäftsjahre, beginnend nach dem 31.12.14, branchenunabhängig[22] anzuwenden:

- von allen Mutterunternehmen, die einen handelsrechtlichen Konzernabschluss nach § 290 HGB und nicht gem. §§ 290 i.V.m. 315a HGB nach IFRS aufstellen[23] sowie von
- denjenigen Mutterunternehmen, die einen Konzernabschluss nach § 11 PublG aufstellen und nach § 13 (3) S. 2 PublG nicht von der Aufstellung einer KFR befreit sind.[24]

Für alle anderen Unternehmen, die nach handelsrechtlichen Grundsätzen eine KFR aufstellen, wird zwar abweichend von IAS 1.10 i.V.m. IAS 7.1 die Anwendung des

---

[20] Zur Aufgabe der KFR im handelsrechtlichen Konzernabschluss vgl. Ellrott, H./Förschle, G./Grottel, B./Kozikowski, M./Schmidt, S./Winkeljohann, N. (Hrsg.) (2012), in: Beck`scher Bilanzkommentar zu § 297 Ziff. 53.

[21] Vgl. Heuser, P.J./Theile, C. (Hrsg.) (2012) zu IAS 7 Tz. 7710.

[22] Die bisher geltenden DRS 2-10 für Kreditinstitute, DRS 2-20 für Versicherungsunternehmen wurden mit dem DRS 21 in einem Standard zusammengefasst, vgl. BMJV (2014), DRS 21.56 ff.

[23] Vgl. BMJV (2014), DRS 21.5.

[24] Vgl. BMJV (2014), DRS 21.2 ff. u. DRS 21.55, das betrifft z.B. nicht kapitalmarktorientierte Personenhandelsgesellschaften als Mutterunternehmen.

DRS 21 „nur" empfohlen.[25] Eine Abweichung oder Nichtanwendung im Jahresabschluss dürfte in der Praxis aber nur insofern möglich sein, als dass dies nach handelsrechtlichen Kommentaren oder Fachliteratur als GoB-konform gewertet wird oder werden kann.[26] Die KFR gehört außer bei großen bereits bei mittelgroßen Unternehmen regelmäßig zum Standardumfang im Jahresabschluss,[27] sodass in dieser Arbeit auch von so einem Unternehmen ausgegangen werden soll. So dürfte zum einen die Ausstrahlungswirkung des DRS 21 zum bisherigen DRS 2 auf einen nach Handelsrecht aufgestellten Jahresabschluss vergleichbar sein, weshalb im Folgenden auch die Besonderheiten des Konzernabschlusses in Anlehnung an die Themenstellung nicht weiter zu diskutieren sind. Zum anderen findet das Kongruenzargument in Anlehnung an das **internationale Recht** im neuen DRS 21 grundsätzlich seine Fortsetzung.[28]

Letzteres wird auch an der übereinstimmenden Ziel- bzw. **Zwecksetzung** der KFR nach DRS 21.1 und nach DRS 2.1 deutlich: Demnach soll die KFR den Einblick in die Fähigkeit des Unternehmens verbessern, künftig Finanzüberschüsse zu erwirtschaften, seine finanziellen Verpflichtungen zu erfüllen und Gewinnausschüttungen an Anteilseigner zu leisten. Zur Erreichung dieser Ziele soll die KFR die innerhalb der Berichtsperiode geflossenen Zahlungsströme darstellen und relevante (vergangenheitsorientierte) Informationen darüber bereitstellen, wie das Unternehmen finanzielle Mittel aus dem lfd. Geschäft erwirtschaftet hat, und welche zahlungswirksamen Investitions- und Finanzierungsaktivitäten durchgeführt wurden.

Noch weiter gefasst ist die Ziel- bzw. Zwecksetzung nach IAS 7: Auf Grund unterschiedlicher Bilanzierungs- und Bewertungsmethoden soll nach IAS 7.4 durch die einheitliche Rechnung und Darstellung der Cashflows eine bessere Vergleichbarkeit der Ertragskraft verschiedener Unternehmen ermöglicht werden. Des Weiteren soll dem Bilanzleser nach IAS 7 eine Basis für die Beurteilung der Leistungsfähigkeit des Unternehmens gegeben werden, erwirtschaftete Zahlungsmittel/-äquivalente und den Liquiditätsbedarf des Unternehmens besser einzuschätzen.

---

25 Das betrifft auch Jahresabschlüsse kapitalmarktorientierter Kapitalgesellschaften, vgl. BMJV (2014), DRS 21.6 f.

26 Vgl. Rimmelspacher, D./Reitmeier, B. (2014), in: WPg 15/2014, S. 789 f.; abweichend davon vgl. Lorson, P./Müller, S. (2014), in: DB 18/2014, S. 965.

27 Vgl. Baetge, J./Kirsch, H.-J./Thiele, S. (2011), S. 721.

28 Vgl. zur Problematik des Kongruenzarguments Kapitel I.

Zu den Bilanzlesern gehören aber nicht nur die sog. Stakeholder, also sämtliche externe Interessengruppen neben den Aktionären, sondern auch die Mitglieder des Unternehmensmanagements, da die KFR als Bindeglied zwischen Bilanz und GuV ein bedeutendes Instrument der Finanzführung ist.[29] Während in der Bilanz die Finanzlage anhand von Bestandskennzahlen analysiert werden kann, besteht die Aufgabe der KFR darin, die Finanzlage anhand von Stromgrößen darzustellen. Die KFR leistet einen erheblichen Beitrag zum Abbau von Informationsassymetrien zwischen Management und weiteren Überwachungsorganen im Rahmen der Unternehmensüberwachung und -steuerung, da erst mit der Betrachtung und Kenntnis der Finanzflüsse sachgerechte Aussagen zur Finanzlage des Unternehmens möglich sind.[30]

Zusammenfassend ist zu festzuhalten, dass mit der Neuregelung des DRS 21 die Ziel- bzw. Zwecksetzung im Handelsrecht grundsätzlich unverändert an die internationale Rechnungslegung angenähert bleibt. Nunmehr ist zu klären, inwieweit sich aus dem DRS 21 auf Basis anerkannter Gestaltungsgrundsätze Änderungen in der konkreten Grundstruktur der KFR ergeben haben, die die bisherigen Harmonisierungsbestrebungen des DRS 2 an IAS 7 weiter begünstigen, hemmen oder verhindern (können). Deshalb sind im nächsten Abschnitt zunächst wesentliche Gestaltungsgrundsätze für eine KFR zu diskutieren.

C. Gestaltungsgrundsätze

Auf Grundlage der bereits diskutierten Zwecksetzung von Kapitalflussrechnungen[31] sind über alle Standards hinweg mehrere **Gestaltungsgrundsätze** bzw. Prinzipien zu beachten, die sich im Folgenden vereinfachend in allgemeine und konzeptionell besondere Grundsätze unterscheiden lassen.[32]

Allgemein anerkannte Anforderungen sind u.a. die Grundsätze der Vollständigkeit, Klarheit, Richtigkeit, Regelmäßigkeit und Vergleichbarkeit, die sich beispielsweise im Handelsrecht bereits aus den z.T. kodifizierten GoB ergeben und deshalb nicht wie-

29 Vgl. Müller, S. (2014), in: Freidank, R./Kußmaul, H./Müller, S. (Hrsg.) (2014), S. 4.
30 Vgl. Eiselt, A./Müller, S. (2008), in: ZCG 2/2008, S. 86 ff.
31 Vgl. dazu Kapitel II.B.
32 Vgl. Coenenberg, A.G./Haller, A./Schultze, W. (2009), S. 773 f.

ter diskutiert werden sollen. Darüber hinaus sind **konzeptionell besondere Regeln** für die Gestaltung einer KFR zu beachten:[33]

- *Verzicht auf Periodisierung*: In der KFR dürfen nur die tatsächlichen Zahlungsgrößen der Abrechnungsperiode ausgewiesen werden. Jede Form der Periodisierung führt zur Verfälschung dieser Zahlungsströme.[34]
- *Bruttoausweis*: Ein- und Auszahlungen sollen grundsätzlich in unsaldierter Form ausgewiesen werden, soweit das Bruttoprinzip nicht zu einer unnötigen „Aufblähung" der KFR führt.
- *Nachprüfbarkeit*: Die KFR muss aus Sicht eines sachverständigen Dritten aus den Daten des Rechnungswesens ableitbar sein.
- *Wesentlichkeit*: Auf den Ausweis einzelner Zahlungen kann nur dann verzichtet werden, wenn der dadurch entstehende Informationsverlust als unwesentlich angesehen werden kann.
- *Formelle und materielle Stetigkeit*: Um eine zeitliche Vergleichbarkeit der KFR zu gewährleisten, dürfen keine abweichenden Kriterien zu den Vorjahren verwendet werden.

Besonders der letzte Punkt sollte sowohl bei der Frage nach der ordnungsmäßigen Abgrenzung eines zahlungsorientierten Finanzmittelfonds, als auch bei der Aufgliederung der Zahlungsströme nach Tätigkeitsbereichen Beachtung finden.[35] Das erfordert zunächst einen themenbezogenen Überblick über die Grundstruktur der KFR im nächsten Abschnitt.

Zusammenfassend ist festzustellen, dass von der KFR ein bewertungswillkürfreier Ausweis der Liquiditätsströme einer Periode unter Einhaltung einer materiellen bzw. formellen Kontinuität und Einheitlichkeit gefordert wird.[36]

---

33 Vgl. u.a. Amen, M. (2008), in: Wysocki, K.v. u.a. (Hrsg.) (2008), S. 28; vgl. Mansch, H./Wysocki, K.v. (1996), in: ZfbF-Sonderheft 37/1996, S. 6 f. u. S. 117 f.; vgl. Küting, K./Weber, C.-P. (2012), S. 650; vgl. Wysocki, K.v. (1998), S. 9; vgl. Institut der Wirtschaftsprüfer e.V. (Hrsg.) (2012), M Ziff. 793 ff.

34 Ungeachtet dessen wird nach DRS 2.10 die Angabe von Vergleichszahlen verlangt, nach DRS 21.22 aber nur noch empfohlen. Nach Literaturmeinung entspricht die Neuregelung aber §§ 298 (1) i.V.m. 265 (2) S. 1 HGB, da dem Wortlaut nach Vergleichszahlen ausschließlich für Bilanz- und GuV-Posten vorgesehen sind, vgl. dazu Rimmelspacher, D./Reitmeier, B. (2014), in: WPg 15/2014, S. 795.

35 Vgl. zur Bedeutung des Stetigkeitsgrundsatzes Küting, K./Weber, C.-P. (2012), S. 650.

36 Ähnlich Amen, M. (1998), S. 13.

D. Grundstruktur

Bei der Erstellung einer KFR im Jahresabschluss ist zwischen der Ermittlung und der Darstellung von Zahlungsströmen zu unterscheiden.[37] Dazu ist zunächst die Datenbeschaffung bzw. -ermittlung zu systematisieren.

1. Systematisierung

Die **Datenbeschaffung** kann sowohl originär aus den Daten einer dazu geeigneten Finanzbuchhaltung als auch derivativ aus den aggregierten Daten des Jahresabschlusses der Berichtsperiode erfolgen.[38] Die Unterscheidung bestimmt sich nach der Art und Weise der Datenbeschaffung (Abb. II.1).[39]

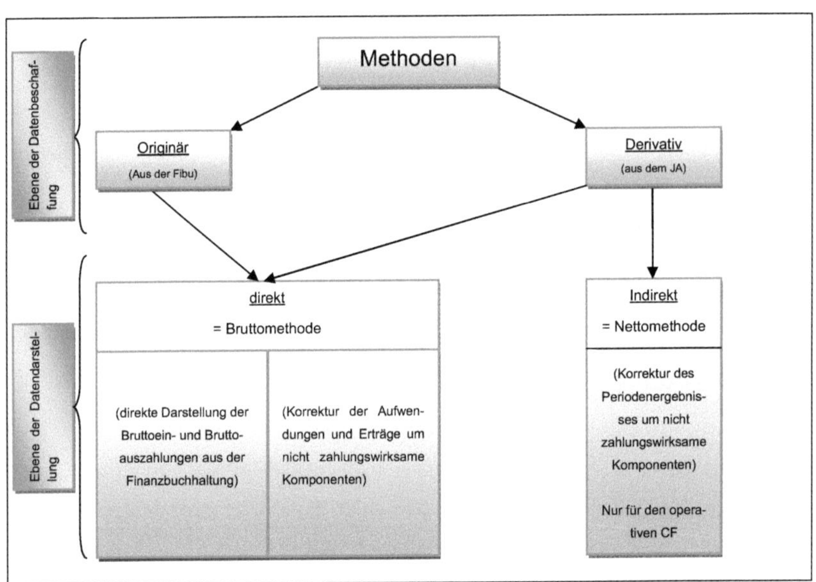

Abbildung II.1: Originäre versus derivative Kapitalflussrechnung[40]

Bei der **originären** Datenermittlung werden sämtliche Geschäftsvorfälle bzw. zahlungswirksamen Mittelbewegungen erfasst, die zu Veränderungen des Finanzmittel-

[37] Vgl. Baetge, J./Kirsch, H.-J./Thiele, S. (2015), S. 511.
[38] Vgl. Bej, T. (2015), S. 13.
[39] Vgl. Eiselt, A./Müller, S. (2014), S. 70 f.
[40] Ähnlich Ostmeier, V. (2004), S. 43.

fonds[41] führen.[42] Voraussetzung hierfür ist ein Rechnungswesen, das eine Aufspaltung der Geschäftsvorfälle in zahlungswirksame und nicht zahlungswirksame Transaktionen erlaubt.[43] In der Praxis sind bislang aber nur wenige Buchhaltungssysteme in der Lage, die originäre Ableitung darzustellen. Daher ist eine Veröffentlichung von originären Kapitalflussrechnungen eher unüblich.[44]

Alternativ lässt sich die KFR aus den Rechenwerken des Jahresabschlusses (Bilanz und GuV) ableiten und aufstellen.[45] Dazu werden zuerst die Daten der Finanzbuchhaltung herangezogen und in einem zweiten Schritt nach ihrer Zahlungswirksamkeit überprüft.[46] Die zur Verfügung stehenden Größen des Rechnungswesens (Veränderungen von Bilanzposten, Aufwendungen und Erträgen) liefern nur teilweise Cashflow-Informationen. Deshalb muss bei der **derivativen** Datenermittlung für jeden Posten entschieden werden, ob er im Hinblick auf den Finanzmittelfonds zahlungswirksam ist oder nicht.[47] Die derivative Datenermittlung führt zwar zu dem gleichen Endergebnis wie die originäre KFR,[48] baut aber als sog. bilanzorientierte Ermittlungsmethode[49] auf zwei aufeinanderfolgende Abschlüsse auf.[50]

Das DRSC erlaubt zwar in DRS 21 und das IASB in IAS 7 die Anwendung beider Verfahren.[51] Jedoch erscheint es nach dem DRSC nicht mehr notwendig zu sein, die originäre und derivative Erstellung von Kapitalflussrechnungen explizit zu behandeln.[52] Vor dem Hintergrund und der Erkenntnis, dass in der Praxis nur wenige Buch-

---

41 Darunter ist die Zusammenfassung mehrerer Bilanzposten zu einer Einheit zu verstehen, vgl. Käfer, K. (1984) S. 41; vgl. zum Finanzmittelfonds Kapital II. D.2.

42 Vgl. Baetge, J./Kirsch, H.-J./Thiele, S. (2015), S. 511.

43 Alternativ können sämtliche fondswirksamen Geschäftsvorfälle auch mit einem bestimmten Buchungsschlüssel belegt werden, sodass Ein- und Auszahlungen direkt ermittelbar sind, vgl. Bej, T. (2015), S. 13.

44 Der Vollständigkeit halber sei erwähnt, dass es in letzter Zeit Tendenzen geben soll, die gehäufter eine originäre Ableitung erlauben könnten. Im Falle einer originären Datenermittlung wird auf Ebene der Datenermittlung die direkte Methode empfohlen, vgl. Müller, S. (2014), in: Freidank,R./Kußmaul, H./Müller, S. (Hrsg.) (2014), S. 5.

45 Vgl. Bej, T. (2015), S. 13.

46 Vgl. Baetge, J./Kirsch, H.-J./Thiele, S. (2015), S. 511.

47 Auch müssen für die Ableitung der Kapitalflussrechnung aus Bilanz bzw. GuV-Rechnung die vorgenommenen Periodisierungen rückgängig gemacht werden.

48 Vgl. Müller, S. (2014), in: Freidank,R./Kußmaul, H./Müller, S. (Hrsg.) (2014), S. 5.

49 Vgl. Eiselt, A./Müller, S. (2014), S. 72.

50 Ausgangspunkt sind zunächst zwei Bilanzen, die durch Saldierung über eine sog. Beständedifferenzenbilanz zu einer Veränderungsbilanz und weiter zu einer Bewegungsbilanz umgeformt werden, vgl. Möller, H.-P./Zimmermann, J. (2007), S. 767.

51 Vgl. Eiselt, A./Müller, S. (2014), S. 71.

52 Vgl. zur Begründung des DRSC DRS 21.B4.

haltungssysteme in der Lage sind, die Zahlungsströme originär zu ermitteln,[53] soll im Folgenden der Grundaufbau derivativer Kapitalflussrechnungen nach nationalem und internationalem Recht dargestellt und diskutiert werden.

2. Grundaufbau

Ausgangspunkt der (derivativen) KFR bildet die **Abgrenzung des Finanzmittelfonds**. Unter einem solchen Fonds soll eine Zusammenfassung bestimmter Bilanzposten zu einer buchhalterischen Einheit verstanden werden,[54] mit dem die finanzielle Lage eines Unternehmens am besten abgebildet werden kann.[55] Die Qualität eines Fonds bestimmt sich im Wesentlichen aus seinem Aussagezweck, seiner Ableitbarkeit aus dem Jahresabschluss und der restriktiven Anwendung von (Bewertungs-)Wahlrechten.[56] Der Finanzmittelfonds soll das Liquiditätspotenzial eines Unternehmens wertmäßig erfassen und erklären können.[57] Der Zahlungsmittelbestand wird am Anfang und am Ende der Berichtsperiode in Bezug auf Umfang und Veränderung analysiert.

Letzteres fällt unter die **Fondsveränderungsrechnung**.[58] Die Ursachen der zahlungswirksamen Veränderung des Finanzmittelfonds werden in einer sog. **Ursachenrechnung** ermittelt. Aufgabe der Ursachenrechnung ist die umfassende Darstellung der Quellen, aus denen der Finanzmittelfonds gespeist werden, und die Dokumentation der Herkunft und Verwendung der Finanzmittel in verschiedenen Bereichen des Unternehmens. Die Rechnungslegungsstandards fordern einen Ausweis der Ein- und Auszahlungen aus den drei Tätigkeitsbereichen laufende bzw. betriebliche Geschäftstätigkeit (operativer Casflow), Investitions- und Finanzierungstätigkeit (Abb. II.2).

53 Vgl. Müller, S. (2014), in: Freidank,R./Kußmaul, H./Müller, S. (Hrsg.) (2014), S. 6.
54 Vgl. zur Definition des Begriffs „Fonds" Käfer, K. (1984), S. 41.
55 Vgl. Müller, S. (2014), in: Freidank, R./Kußmaul, H./Müller, S. (Hrsg.) (2014), S. 9 f.
56 Vgl. Wysocki, K.v. (1998), S. 10.
57 Vgl. Eiselt, A./Müller, S. (2014), S. 34.
58 Vgl. Baetge, J./Kirsch, H.-J./Thiele, S. (2015), S. 510 ff.

Cashflow aus der	DRS 21	DRS 2	IAS 7
lfd. Geschäftstätigkeit/ betriebliche Tätigkeit	21.38a) Direkte M. 21.38b) Indirekte M.	2.24a) Direkte M. 2.24b) Indirekte M.	7.18a) Direkte M. 7.18b) Indirekte M.
Investitionstätigkeit	21.42 Direkte M.	2.29 Direkte M.	7.21 Direkte M.
Finanzierungstätigkeit	21.47 Direkte M.	2.33 Direkte M.	7.21 Direkte M.

Abbildung II.2: Abgrenzung der Rechnungslegungsstandards nach den drei Aktivitätsbereichen

Für den Teilbereich „Laufende Geschäftstätigkeit/betriebliche Tätigkeit“ werden mit der direkten und der indirekten Methode zwei verschiedene Darstellungsverfahren zur Wahl gestellt. Bei der **direkten** Methode werden die Ein- und Auszahlungen unsaldiert gegenübergestellt. De facto werden nur geflossene Zahlungsströme gezeigt. Demgegenüber geht die **indirekte** Methode vom Jahresüberschuss aus und korrigiert diesen zum einen um nicht zahlungswirksame Aufwendungen und Erträge, zum anderen um alle Zahlungen, die den Cashflows aus Investitions- und Finanzierungstätigkeiten zuzuordnen sind.[59]

Beide Methoden sollten bei der Darstellung des operativen Cashflows zu demselben Ergebnis führen, unterscheiden sich aber in der Aussagekraft. In der Literatur wird zwar an der indirekten Methode des nationalen Rechnungslegungsstandards der Vorteil der Jahresabschlussanalyse unterstrichen,[60] jedoch ist ihr Vorzug gegenüber der direkten Methode umstritten.[61] Nach IAS 7.18 sind grundsätzlich beide Methoden zulässig. Jedoch wird die direkte Methode unbestritten bevorzugt.[62]

Nach DRS 21.26 und nach DRS 2.15 sind Zahlungsströme grundsätzlich unsaldiert nach der Bruttomethode auszuweisen. Nur bei Posten mit hoher Umschlagshäufigkeit, großen Beträgen und kurzen Laufzeiten, Zahlungsströmen für Rechnung Dritter und bei Ertragssteuern ist ein saldierter Nettoausweis erlaubt.[63] Nach IFRS sind Saldierungen nach IAS 7.22 f. zulässig. Demnach dürfen nur Ein- und Auszahlungen im

59 Vgl. Baetge, J./Kirsch, H.-J./Thiele, S. (2015), S. 511: Bei der indirekten M. bildet das Periodenergebnis bzw. Jahresüberschuss/-fehlbetrag der GuV den Ausgangspunkt. Es handelt sich dabei um eine Größe, die auf periodisierten Ein- und Ausgaben beruht. Deshalb muss die Periodisierung rückgängig gemacht werden.

60 Vgl. Bej, T. (2015), S. 13.

61 Vgl. zu den Befürwortern der direkten Methode u.a. Müller, S. (2014), in: Freidank,R./Kußmaul, H./Müller, S. (Hrsg.) (2014), S. 12; vgl. Eiselt, A./Müller, S. (2014), S. 33; vgl. Bej, T. (2015), S. 13; abweichend dazu vgl. Küting, K./Weber, C.-P. (2012), S. 658; ähnlich Hirschberger, W. (2015), in: Werner, J. (Hrsg.) (2015), S. 210.

62 Vgl. IAS 7.19.

63 Vgl. DRS 21.26c) und DRS 2.40 ff.

Namen von Kunden saldiert ausgewiesen werden, wenn die Cashflows eher auf Tätigkeiten des Kunden als auf Tätigkeiten des Unternehmens zurückzuführen sind. Es dürfen auch Ein- und Auszahlungen für Posten mit großer Umschlagshäufigkeit, großen Beträgen und kurzen Laufzeiten netto dargestellt werden. Ertragssteuerbedingte Zahlungen sind nach DRS 21.18, DRS 2.40 f. und nach IAS 7.35 gesondert und grundsätzlich unter dem operativen Cashflow auszuweisen.[64]

Im Ergebnis lässt sich folgende **Grundstruktur** für eine branchenübergreifende KFR von Jahresabschlüssen als kleinsten gemeinsamen Nenner aus handelsrechtlichen und internationalen Rechnungslegungsstandards ableiten, zumal IAS 7 im Gegensatz zu DRS 21 und DRS 2 mangels eigener Mindestgliederung[65] einer solchen Darstellung auch nicht widerspricht (Abb. II.3):[66]

Grundstruktur von Kapitalflussrechnungen im Jahresabschluss

	Cashflow aus lfd. Geschäftstätigkeit/betrieblicher Tätigkeit (in-/direkte M.)
	Cashflow aus der Investitionstätigkeit (direkte M.)
	Cashflow aus der Finanzierungstätigkeit (direkte M.
	Zahlungswirksame Veränderungen des Finanzmittelfonds
+/-	Veränderung des Finanzmittelfonds/-bestandes
+	Finanzmittelfonds am Anfang der Periode
	Finanzmittelfonds am Ende der Periode

Abbildung II.3: Grundstruktur von Kapitalflussrechnungen im Jahresabschluss[67]

64 Zur Thematik des Ausweises von Ertragssteuerzahlungen vgl. Kapitel III.B.1.a) und b).

65 Im Anhang A zu IAS 7 befindet sich lediglich ein Darstellungsbeispiel. Dieses ist aber kein Bestandteil des IFRS-Standards.

66 Grundsätzlich sind auch andere Gliederungs- und Darstellungsmöglichkeiten möglich, vgl. Lachnit, L. (1972), S. 165.

67 Vgl. dazu im Detail Anhang Abb. A1-A3.

Hinsichtlich der Gliederung von Kapitalflussrechnungen wird zwar grundsätzlich zwischen Staffel- und Kontoform unterschieden.[68] Jedoch hat sich eine Gliederung nach Tätigkeitsbereichen (Aktivitätsformate) in Staffelform in Theorie und Praxis durchgesetzt.[69] Die KFR nach IAS 7 ist grundsätzlich analog dem DRS 21/2 im Aktivitätsformat aufzustellen.[70] Für den Ausweis der KFR sehen die Rechnungslegungsstandards DRS 21.21 und DRS 2.10 die **Staffelform** unter Beachtung eines Mindestgliederungsschemas[71] vor, IAS 7 lediglich eine Empfehlung.[72]

Dabei kann analog zu § 265 (5) HGB die Mindestgliederung ergänzt werden, soweit dies in Anlehnung an die nationalen Rechnungslegungsstandards des DRSC sinnvoll erscheint. Die Gliederung unterliegt dem **Stetigkeitsgebot**, das sowohl nach § 265 (1) HGB konkretisiert im DRS 21.23 bzw. DRS 2.10 im handelsrechtlichen, als auch nach IAS 8.13 für die KFR im Jahresabschluss nach IFRS zur Anwendung kommt. Die Angabe von **Vergleichszahlen** der Vorperiode wird grundsätzlich empfohlen, ist aber nach DRS 21 nicht mehr verpflichtend.[73]

Nach Handelsrecht entspricht dies § 265 (2) S. 1 HGB, auch wenn dem Wortlaut nach Vergleichszahlen nur für handelsrechtliche Bilanz- und GuV-Posten vorgesehen sind. Soweit die bislang aufgestellte KFR vom DRS 21 abweicht, sollen nach DRS 21.54 im Jahr der Erstanwendung der Neuregelung Vergleichszahlen nur angegeben werden, wenn diese auf Grundlage der Regeln des DRS 21 ermittelt wurden. Im Umkehrschluss setzen Vergleichszahlen die Anwendung der Neuregelung des DRSC voraus. Reine Erläuterungen im Anhang oder unter der KFR sind im Erstanwendungsjahr zwecks Vergleichbarkeit i.S.v. § 265 (2) S. 2 HGB nicht vorgesehen.[74]

---

68 Während die Kontoform mit der traditionellen Gliederung nach Mittelherkunft und -verwendung in einer Bewegungsbilanz eng verbunden ist und daher in der heutigen Diskussion eine eher untergeordnete Rolle zukommt, trägt demgegenüber die gebräuchliche Staffelform dem zahlungsstromorientierten Charakter der KFR weit mehr Rechnung. Sie unterstützt eine Gliederung der KFR nach den drei betrieblichen Teilbereichen, vgl. dazu Küting, K./Weber, C.-P. (2012), S. 651.

69 Vgl. Eiselt, A./Müller, S. (2014), S.31.

70 Vgl. Baetge, J./Kirsch, H.-J./Thiele, S. (2015), S. 523.

71 Vgl. DRS 21 Anlage1; vgl. DRS 2 Anhang; vgl. Müller, S. (2014b), in: ZCG 3/2014, S. 139: Müller unterscheidet zwischen der sog. Gliederung des DRS 2 gemäß Anhang und der sog. Mindestgliederung des DRS 21 insb. nach Anlage 1. Daraus folgert der Autor, dass es abweichend vom DRS 21 im DRS 2 keine Mindestgliederung gibt, obwohl DRS 2.35 beide Begriffe z.B. für den operativen Cashflow gleichsetzt. Vereinfachend kann und soll deshalb im Folgenden auch die Gliederung des DRS 2 als Mindestgliederung bewertet werden.

72 Vgl. zur Empfehlung der Staffelform nach IAS 7 Küting, K./Weber, C.-P. (2012), S. 658.

73 Vgl. DRS 21.22; ähnlich DRS 2.10 und IAS 7.10/.5. Zu den Abweichungen im DRS 2 und IAS 7 vom DRS 21 vgl. im Folgenden.

74 Vgl. Rimmelspacher, D./Reitmeier, B. (2014), in: WPg 15/2014, S.795.

Im IAS 7 lässt sich die Empfehlung von Vergleichszahlen aus dem Standard IAS 7.10/.5 herleiten, auch wenn IAS 7 keine dem DRS 21/2 vergleichbare explizite Sonderregelung für das Jahr der Erstanwendung vorsieht.

Zusammenfassend ist festzuhalten, dass sich die Grundstruktur der KFR zwischen DRS 21/2 zum einen und im Vergleich zum IAS 7 zum anderen grundsätzlich nicht geändert hat. Im folgenden Abschnitt ist bei der Diskussion der konkreten Ausgestaltungsmöglichkeiten der KFR im Abschluss zu prüfen, inwieweit das Kongruenzargument des DRS 2 im DRS 21 auch im Detail seine Fortsetzung findet.

III. Ausgestaltung und Analyse der Kapitalflussrechnung

Die bisher skizzierte Grundstruktur einer KFR im Abschluss[75] gilt es nunmehr, auf Basis der rechtlichen Grundlagen im Sinne des DRS 21, DRS 2 und des IAS 7 in Abgrenzung voneinander zu verfeinern und die Ausgestaltung auf Basis der Neuregelungen des DRS 21 im Einzelnen darzustellen und umfassend zu analysieren. Ausgangspunkt der analytischen Betrachtung ist der zugrunde liegende und abzugrenzende Finanzmittelfonds (Abschnitt A), gefolgt von den drei Aktivitäts- bzw. Tätigkeitsbereichen, wodurch die Ursachenrechnung dreiteilig untergliedert ist (Abschnitt B). Es werden Ein- und Auszahlungen für die laufende bzw. betriebliche Geschäftstätigkeit (operativer Cashflow), sowie die Investitions- und Finanzierungstätigkeit getrennt voneinander abgebildet und nach Unterschieden und Gemeinsamkeiten auf Basis der drei Standards ausgehend vom DRS 21 analysiert. Daran schließt sich die vertiefende Untersuchung der Fondsveränderungsrechnung im Abschnitt C an, die nach Analyse zahlungswirksamer Änderungen aus der Ursachenrechnung nun zahlungsunwirksame Wertänderungen des Finanzmittelfonds bzw. des Finanzmittelbestandes auf Basis der drei Standards verdeutlicht. Anschließend werden im Abschnitt D die ergänzenden Angaben im Jahresabschluss diskutiert. Im Abschnitt E wird die Aussagekraft von Kapitalflussrechnungen interpretiert.

A. Abgrenzung des Finanzmittelfonds

In der wissenschaftlichen Diskussion ist die Frage nach der Abgrenzung des zu betrachtenden Fonds nicht erst seit deBilMoG ein Streitpunkt.[76] Gemeinsam ist den beiden DRS-Rechnungslegungsstandards und dem internationalen Standard des IAS 7, dass sich der Finanzmittelfonds aus Zahlungsmitteln und Zahlungsmitteläquivalenten zusammensetzt.[77] Jedoch hat sich die Abgrenzung des Finanzmittelfonds im DRS 21 im Vergleich zum DRS 2 teilweise geändert.[78]

Zwar fallen unverändert unter **Zahlungsmittel** Barmittel und täglich fällige Sichteinlagen bzw. liquide Mittel ersten Grades wie Schecks, Kassenbestände sowie jederzeit

---

75 Vgl. Abschnitt II.D.2.

76 Vgl. Müller, S. (2014), in: Freidank,R./Kußmaul, H./Müller, S. (Hrsg.) (2014), S. 9 f.

77 Vgl. DRS 21.9/.33, DRS 2.16 und IAS 7.6 f.

78 Vgl. im Folgenden vor allem Andresen, R. (2015), in: DB 22/2015, S. 1233 f.; vgl. Rimmelspacher, D./Reitmeier, B. (2014), in: WPg 15/2014, S.790.

fällige Bundesbankguthaben und Guthaben bei Kreditinstituten;[79] als **Zahlungsmitteläquivalente** werden weiterhin als Liquiditätsreserven gehaltene, kurzfristige, äußerst liquide Finanzmittel definiert, die nur geringen Wertschwankungen unterliegen und jederzeit in Zahlungsmittel umgewandelt werden können.[80] Abweichend vom DRS 2.18 stellt DRS 21.9/21.B15 aber klar, dass unter Zahlungsmitteläquivalente nur Finanzmittel zu subsumieren sind, deren Restlaufzeit im Erwerbszeitpunkt nicht mehr als drei Monate betragen dürfen.[81] Angesichts einer möglichen Beeinflussung des Bestandswerts auf Grund von Zinsänderungen erscheint eine trennschärfere Formulierung notwendig.[82] Jedoch bleibt zu prüfen, ob diese präzisere Abgrenzung des Finanzmittelfonds[83] eine Annäherung an den IAS 7 zur Folge hat.

Nach IAS 7.6 umfassen Zahlungsmittel ebenfalls Barmittel und Sichteinlagen. Darunter sind Kassenbestände, Schecks sowie täglich fällige Guthaben bei Banken und Kreditinstituten zu subsumieren.[84] Der DRS 21.9 entspricht bei den Zahlungsmitteln somit weiterhin internationalem Standard. Dies dürfte wenig überraschen, da die Definition der DRS 21 vom DRS 2 nicht abweicht. Jedoch ist die Definition von Zahlungsmitteläquivalenten z.T. nicht deckungsgleich.

Hingegen sind nach IAS 7.6 f. unter Zahlungsmitteläquivaltenten kurzfristige, sehr liquide Finanzinvestitionen zu verstehen, die zu jedem Zeitpunkt in Zahlungsmittel umgewandelt werden können und nur unwesentlichen Wertschwankungen unterliegen. Dies gilt bei einer Restlaufzeit von weniger als drei Monaten ab Erwerbszeitpunkt. Andernfalls gehöre eine Finanzinvestition im Regelfall nicht zu den Zahlungsmitteläquivalenten. Nach Literaturmeinung ist diese weniger trennscharfe Formulierung zur „Kurzfristigkeit“ dahingehend zu verstehen, dass die Restlaufzeit von drei Monaten üblicherweise nicht überschritten werden darf.[85] Da die Neuregelung eine konkreti-

---

79 Vgl. Ellrott, H./Förschle, G./Grottel, B./Kozikowski, M./Schmidt, S./Winkeljohann, N. (Hrsg.) (2012), in: Beck`scher Bilanzkommentar zu § 297 Ziff. 57.

80 Vgl. zur Definition von Zahlungsmitteln und -äquivalenten DRS 21.9 und DRS 2.6.

81 Die bisherige Formulierung aus DRS 2.18 wird präzisiert, da darin von einer Restlaufzeit „in der Regel“ von drei Monaten die Rede ist.

82 Vgl. Eiselt, A./Müller, S. (2014), S.34.

83 Vgl. Kirsch, H. (2014), in: IRZ 7-8/2014, S. 272.

84 Vgl. Heuser, P.J./Theile, C. (Hrsg.) (2012) zu IAS 7 Tz. 7722.

85 Vgl. u.a. Pellens, B./Fülbier, R.U./Gassen, J./Sellhorn, T. (2011), S. 188; vgl. Heuser, P.J./Theile, C. (Hrsg.) (2012) zu IAS 7 Tz. 7722; vgl. Adler, H./Düring, W./Schmaltz, K. (2002 ff.), Abschnitt 23 Rn. 15; vgl. Zimmermann, J./Werner, J.R./Hitz, J.-M. (2015), S. 309.

siertere Formulierung des DRS 2 ist, ist davon auszugehen, dass DRS 21 im Einklang mit dem internationalen Standard ist.[86]

Des Weiteren setzt IAS 7.7 analog zu DRS 21.9 und DRS 2.6 voraus, dass Zahlungsmitteläquivalente als Liquiditätsreserven dienen. In der Literatur wird so eine Zweckbestimmung jedoch als faktisches Wahlrecht gewertet, da ein Unternehmen eigenständig bestimmen kann, welche seiner Finanzmittel kurzfristigen Zahlungsverpflichtungen nachkommen können und damit Liquiditätsreserven darstellen.[87] Als noch bedeutender wird in der Literatur die geänderte Behandlung von Verbindlichkeiten gewertet.[88] Nach DRS 21.34 sind jederzeit fällige **Bankverbindlichkeiten**, wie Verbindlichkeiten gegenüber Kreditinstituten, sowie andere kurzfristige Kreditaufnahmen, soweit sie zur Disposition der liquiden Mittel gehören, verpflichtend einzubeziehen und offen abzusetzen. Damit gilt das bisherige Wahlrecht des Standards DRS 2.19 nicht mehr.[89]

Des Weiteren wird durch die Neuregelung der Umfang der verpflichtend einzubeziehenden Verbindlichkeiten erweitert, da weder die jederzeitige Fälligkeit, noch eine Bank als Gläubiger erforderlich sind. Voraussetzung ist nur, dass Verbindlichkeiten kurzfristig fällig und in das Cash Management der Gesellschaft einbezogen werden. So dürfte dies abweichend vom DRS 2 nach der Neuregelung beispielsweise bei einem dreimonatigen Kredit genauso erfüllt sein, wie bei einem Commercial Paper oder einer Festgeldanlage mit derselben Laufzeit von bis zu drei Monaten.[90] Die Einbeziehung von Kontokorrentkrediten oder von kurzläufigen Wertpapieren in den Finanzmittelfonds bedeutet zum einen, dass die Effekte darauf in der Ursachenrechnung unberücksichtigt bleiben. Zum anderen kann auch ein negativer Finanzmittelfonds entstehen, was gerade bei Investoren zu einer negativen Außenwirkung führen könnte. Die Flexibilisierung der Abgrenzung des Finanzmittelfonds birgt ein bestimm-

---

86 Vgl. Kirsch, H. (2014), in: IRZ 7-8/2014, S. 274: Nach Kirsch nähert sich DRS 21 hinsichtlich der Abgrenzung des Finanzmittelfonds an IAS 7 an.

87 Vgl. z.B. Gehardt, G. (2001), in: Beck`sches Handbuch der Rechnungslegung, Ziff. 26 f.

88 Vgl. Rimmelspacher, D./Reitmeier, B. (2014), in: WPg 15/2014, S. 790.

89 Vgl. DRS 21.B14; vgl. auch Baumann, H./Weiser, M.F. (2016), in: DB 3/2016, S. 121 ff.; vgl. Müller, S. (2014), in: Freidank,R./Kußmaul, H./Müller, S. (Hrsg.) (2014), S. 28: Nach DRS 21 ist ein negativer Finanzmittelfonds möglich.

90 Vgl. dazu die Definition „kurzfristiger" Zahlungsmitteläquivalente nach DRS 21.9; vgl. Rimmelspacher, D./Reitmeier, B. (2014), in: WPg 15/2014, S. 790; zum bisherigen Verbot der Einbeziehung emittierter Commercial Papers oder von Festgeldanlagen in den Fonds nach DRS 2 vgl. Ellrott, H./Förschle, G./Grottel, B./Kozikowski, M./Schmidt, S./Winkeljohann, N. (Hrsg.) (2012), in: Beck`scher Bilanzkommentar zu § 297 Ziff. 57.

tes bilanzpolitisches Potenzial.[91] Analog DRS 2.19 sind nach IAS 7.8 jederzeit fällige Bankverbindlichkeiten nicht zwingend einzubeziehen.

Auch wenn solche Verbindlichkeiten gegenüber Banken in den Finanzmittelfonds einbezogen werden dürfen,[92] sind sie nach dem internationalen Standard grundsätzlich kein Bestandteil des Finanzmittelfonds. Eine Ausnahme besteht bei Kontokorrentkrediten, die in die Disposition der liquiden Mittel bzw. des Cash-Managements einbezogen werden.[93] Auch wenn die Inanspruchnahme kurzfristiger Kontokorrentkredite die gängige Praxis zu sein scheint,[94] wurden diese in internationalen Abschlüssen nachweislich eher selten im Finanzmittelfonds erfasst.[95]

Die Neuregelung sieht eine zwingende Anwendung des Nettoprinzips vor, soweit Aktiv- als auch Passivposten in den Nettofinanzmittelfonds einbezogen werden. Wurden nach IAS 7 und DRS 2 auf Grund des Wahlrechts nur Aktivposten der Bilanz berücksichtigt, handelt es sich um einen Bruttofonds.[96] Dem Unternehmen steht nach beiden Standards ein Wahlrecht zwischen Brutto- und Nettofonds zu.[97] Des Weiteren ist ein Nettoausweis der Zahlungsströme für Rechnung Dritter zulässig, soweit dafür überwiegend deren Aktivitäten ursächlich sind.[98] Haben die im Finanzmittelfonds enthaltenen Zahlungsmittel/-äquivalente **Wertänderungen** z.B. aus Währungs- oder aus Bewertungsdifferenzen, ist zu prüfen, wie die daraus resultierenden Auswirkungen einzeln oder zusammengefasst in einer sog. Fondsveränderungsrechnung gesondert aus- bzw. nachzuweisen sind.[99]

Unverändert wird in der Literatur kritisiert, dass unter Beachtung der Zielsetzung einer optimalen Liquiditätssteuerung Zahlungsströme aus **Cash-Pooling** nicht explizit ausgewiesen werden. Nach dieser Auffassung erscheint die Einbeziehung geboten,

---

91 Ähnlich Eiselt, A./Müller, S. (2014), S.35.

92 Vgl. Pellens, B./Fülbier, R.U./Gassen, J./Sellhorn, T. (2011), S. 188; vgl. auch PWC (2002), S. 7-2.

93 Vgl. Heuser, P.J./Theile, C. (Hrsg.) (2012) zu IAS 7 Tz. 7722.

94 Vgl. Küting, K./Weber, C.-P. (2012), S. 657.

95 Vgl. Keitz, I.v. (2005), in: KPMG (Hrsg.) (2005), S. 177: Nur in sechs von 100 analysierten Abschüssen wurden Kontokorrentverbindlichkeiten im Finanzmittelfonds abgebildet.

96 Vgl. zur begrifflichen Abgrenzung des Brutto- vom Nettofonds Baetge, J./Kirsch, H.-J./Thiele, S. (2015), S. 512; vgl. Gebhardt, G. (1999), in: BB 25/1999, S. 1314 ff.: Alternative Fondsabgrenzungen wie das Nettogeldvermögen oder Nettoumlaufvermögen gelten als nicht mehr zeitgemäß und werden daher im Folgenden nicht weiter behandelt.

97 Vgl. Coenenberg, A.G./Haller, A./Schultze, W. (2009), S. 836.

98 Vgl. DRS 21.26b), DRS 2.15b), ähnlich IAS 7.22.

99 Vgl. zum Fondsveränderungsnachweis z.B. auf Grund von Wechselkurs- oder Bewertungsdifferenzen Kapitel III.C.

falls es sich um eine kurzfristige Kreditaufnahme handelt, die zur Disposition liquider Mittel gehört.[100]

Dennoch werden die Neuregelungen zur präziseren Abgrenzung der Zahlungsmitteläquivalente als auch die Einbeziehungspflicht kurzfristig fälliger Verbindlichkeiten gegenüber Banken sowie weiterer Kreditaufnahmen zur Disposition liquider Mittel in der Literatur „nunmehr" als kompatible Regelungen mit dem IAS 7 bewertet.[101]

Zusammenfassend ist festzuhalten, dass sich die Abgrenzung des Finanzmittelfonds mit der Neuregelung gegenüber dem DRS 2 teilweise geändert hat. Dies birgt zwar auch bilanzpolitisches Potenzial. Die Neuregelungen des DRS 21 zur Abgrenzung des Finanzmittelfonds werden aber als kompatibel mit dem IAS 7 bewertet.

B. Untergliederung der Ursachenrechnung

Im Folgenden soll im Rahmen der Ursachenrechnung geprüft werden, welche Änderungen mit der Neuregelung des DRS 21 verbunden sind, und inwiefern diese zu einer Angleichung an den IAS 7 führen bzw. diese begünstigen können. Einheitlich für die Standards ist eine dreiteilige Untergliederung der Ursachenrechnung, in der die Veränderung des Finanzmittelfonds anhand der Tätigkeitsbereiche (operative, Investitions- und Finanzierungstätigkeit) dazustellen ist.[102] Innerhalb der Cashflows bzw. der Mittelzu- und Mittelabflüsse ist zwischen diesen drei großen Bereichen wie folgt zu differenzieren:

- Operativer Cashflow als Cashflow aus der laufenden Geschäftstätigkeit nach DRS 21/2 bzw. aus der betrieblichen Tätigkeit nach IAS 7
- Cashflow aus der Investitionstätigkeit
- Cashflow aus der Finanzierungstätigkeit

---

[100] Zu dieser wie zu der Position unter Anwendung nach DRS 2 vgl. Rimmelspacher, D./Reitmeier, B. (2014), in: WPg 15/2014, S. 790; vgl. Ellrott, H./Förschle, G./Grottel, B./Kozikowski, M./Schmidt, S./Winkeljohann, N. (Hrsg.) (2012), in: Beck`scher Bilanzkommentar zu § 297 Ziff. 57.

[101] Vgl. Kirsch, H. (2014), in: IRZ 7-8/2014, S. 273: Nach Kirsch sind die Neuregelungen des DRS 21 im Einklang mit der Begriffsdefinition des Finanzmittelfonds nach IAS 7.7 f., da sich die Einstellung bisheriger Zuordnungswahlrechte des DRS 2 im Rahmen des IAS 7 bewege; zu den ergänzenden Angaben vgl. im Einzelnen Kapitel III.D.

[102] Vgl. Müller, S. (2014a), in: BBK 9/2014, S. 439.

Aus einem ersten Vergleich der **Mindestgliederungsschemata**[103] des DRS 21 in Abgrenzung zum DRS 2 entsteht der Eindruck, dass in der Neuregelung die Anforderungen an die Mindestgliederung erheblich erweitert worden sind, da der direkt bzw. indirekt ermittelte Cashflow aus der lfd. Geschäftstätigkeit von sechs bzw. neun auf acht bzw. fünfzehn, der Cashflow aus der Investitionstätigkeit von elf auf fünfzehn und der Cashflow aus der Finanzierungstätigkeit von fünf auf dreizehn Gliederungsposten angehoben wurde.[104] Im Anhang A des IAS 7 befindet sich lediglich ein Darstellungsbeispiel, das aber kein Bestandteil des Standards ist und je nach Literaturquelle auch variieren kann.[105]

Es wird im Folgenden zu prüfen sein, was sich mit der Neuregelung des DRS 21 in Abgrenzung zum DRS 2 und IAS 7 tatsächlich in der Ursachenrechnung entscheidend geändert hat, um die Vergleichbarkeit der KFR zwischen einzelnen Unternehmen zu stärken. Das soll zunächst anhand des operativen Cashflows und im Anschluss auf Basis des Cashflows aus der Investitionstätigkeit und aus der Finanzierungsstätigkeit diskutiert werden.

1. Operativer Cashflow

Der operative Cashflow ist gegenüber den anderen beiden Tätigkeitsbereichen in der Weise negativ abgegrenzt, dass alle Zahlungsströme aus den auf Erlöserzielung ausgerichteten Tätigkeiten erfasst werden, die sich nicht aus der Investitions- oder Finanzierungstätigkeit ergeben.[106]

Im Wesentlichen werden bei dem **Cashflow aus der lfd. Geschäftstätigkeit** wie auch **aus der betrieblichen Tätigkeit** Zahlungsströme ausgewiesen, die sich aus der betrieblichen Leistungserstellung des Unternehmens begründen.[107] Somit handelt es sich bei den Zahlungsströmen grundsätzlich um zahlungswirksame Aufwendun-

---

[103] Vgl. DRS 21 Anlage1; vgl. DRS 2 Anhang; vgl. in einer vereinfachten Darstellung im Anhang Abb. A1-A2; vgl. Müller, S. (2014b), in: ZCG 3/2014, S. 139: Müller unterscheidet zwischen der sog. Gliederung des DRS 2 gemäß Anhang und der sog. Mindestgliederung des DRS 21 insb. nach Anlage 1. Daraus folgert der Autor, dass es abweichend vom DRS 21 im DRS 2 keine Mindestgliederung gibt.

[104] Vgl. Rimmelspacher, D./Reitmeier, B. (2014), in: WPg 15/2014, S.794.

[105] Vgl. zum Beispiel die abweichende Literaturdarstellung u.a. Keitz, I.v./Grote, R./Hansmann, M. (2015), S. 58; Pellens, B./Fülbier, R.U./Gassen, J./Sellhorn, T. (2011), S. 192 ff.; KPMG (Hrsg.) (2012), S. 24 ff.

[106] Vgl. DRS 21.9, DRS 2.6/.23 und IAS 7.14. IAS 7.14 führt Beispiele für Cashflows aus der erlöswirksamen Tätigkeit auf, die der lfd. betrieblichen Tätigkeit zuzuordnen sind.

[107] Vgl. Baetge, J./Kirsch, H.-J./Thiele, S. (2015), S. 513 und S. 523.

gen und Erträge aus Ereignissen und Transaktionen, die in die Jahresergebnisermittlung eingehen.[108] Ein Unternehmen kann seine Betriebsaktivitäten langfristig lediglich fortsetzen, wenn aus der operativen Tätigkeit ein Zahlungsmittelüberschuss nachhaltig generiert werden kann.[109]

Alle drei Standards unterscheiden einen Ausweis des operativen Cashflows nach der **direkten und** der **indirekten** Methode.[110] Deshalb werden nach einer kurzen, eher übersichtsartigen Darstellung im Schwerpunkt zuerst wesentliche Änderungen der Neuregelungen des DRS 21 in Abgrenzung zum DRS 2 und im Anschluss im Vergleich zum IAS 7 getrennt nach der direkten und indirekten Methode erarbeitet. Des Weiteren soll diskutiert werden, ob die Neuregelungen des DRS 21 mit dem IAS 7 kompatibel sind bzw. sich (weiter) dem internationalen Standard annähern.

a) Direkte Methode

Der **Cashflow aus der lfd. Geschäftstätigkeit** kann gemäß DRS 21.38a) und DRS 2.24a) nach der **direkten Methode** abgebildet werden, indem Ein- und Auszahlungen unsaldiert bzw. brutto ausgewiesen werden. DRS 21.39 gibt ein Mindestgliederungsschema vor, das branchen- und unternehmensspezifisch weiter untergliedert werden kann (Abb. III.1):[111]

Cashflow aus der laufenden Geschäftstätigkeit:

	Einzahlungen von Kunden für den Verkauf von Erzeugnissen, Waren und Dienstleistungen
-	Auszahlungen an Lieferanten und Beschäftigte
+	Sonstige Einzahlungen, die nicht der Investitions- oder Finanzierungstätigkeit zuzuordnen sind
-	Sonstige Auszahlungen, die nicht der Investitions- oder Finanzierungstätigkeit zuzuordnen sind
+	Einzahlungen aus außerordentlichen Posten
-	Auszahlungen aus außerordentlichen Posten
-/+	Ertragssteuerzahlungen
=	**Cashflow aus laufender Geschäftstätigkeit (direkte Methode)**

Abbildung III.1: Cashflow aus der lfd. Geschäftstätigkeit nach der direkten Methode gemäß DRS 21[112]

[108] Vgl. Coenenberg, A.G./Haller, A./Schultze, W. (2009), S. 836.
[109] Vgl. Zimmermann, J./Werner, J.R./Hitz, J.-M. (2015), S. 310 f.
[110] Vgl. zur Begriffsdefinition und Abgrenzung der direkten von der indirekten Methode Kapitel II.D.2.
[111] Vgl. zu branchenspezifischen Abgrenzungs- und Ausweiskriterien z.B. DRS 21.B7.
[112] In Anlehnung an DRS 21.39 bzw. an das Mindestgliederungsschema I („Direkte Methode"), in: BMJV (2014), Anlage 1 Tabelle 5; zur Übersicht der gesamten KFR nach der direkten Methode vgl. Anhang Abb. A1.

Analog zum Gliederungsschema des DRS 2.26 (Abb. III.2) sind als erstes Einzahlungen von Kunden für den Verkauf von Erzeugnissen, Waren und Dienstleistungen auszuweisen. Dazu gehören alle Einzahlungen, die mit dem Absatz von Unternehmensleistungen zusammenhängen. Neben den Bareinzahlungen aus Umsätzen gehören dazu auch die Zahlungseingänge auf Grund von Forderungen aus Lieferungen und Leistungen, Factoringgeschäften sowie die Einlösung von Wechseln.[113]

Als zweites sind Auszahlungen an Lieferanten und Beschäftigte anzuzeigen. Dieser Posten umfasst Auszahlungen für die Beschaffung von Material und Waren, für die Begleichung von Verbindlichkeiten aus Lieferungen und Leistungen, Auszahlungen an Mitarbeiter wie Lohn- und Gehaltszahlungen, sowie die Auszahlungen für Steuern, Gebühren und Beiträge. Als drittes und viertes sind sonstige Leistungen in Form von Ein- und Auszahlungen aufzuführen, die nicht der Investitions- oder Finanzierungstätigkeit zuzuordnen sind. Es handelt sich um einen Sammelposten, durch den eine Abgrenzung von Zahlungen des Investitions- und des Finanzierungsbereichs erfolgt. Solche Ein- bzw. Auszahlungen können z.B. Versicherungszahlungen, Spenden oder Prozesskosten/-gewinne sein.[114]

Cashflow aus der laufenden Geschäftstätigkeit:	
	Einzahlungen von Kunden für den Verkauf von Erzeugnissen, Waren und Dienstleistungen
-	Auszahlungen an Lieferanten und Beschäftigte
+	Sonstige Einzahlungen, die nicht der Investitions- oder Finanzierungstätigkeit zuzuordnen sind
-	Sonstige Auszahlungen, die nicht der Investitions- oder Finanzierungstätigkeit zuzuordnen sind
+/-	Ein- und Auszahlungen außerordentlicher Posten
=	**Cashflow aus der laufenden Geschäftstätigkeit (direkte Methode)**

Abbildung III.2: Cashflow aus der lfd. Geschäftstätigkeit nach der direkten Methode gemäß DRS 2[115]

Abweichend vom DRS 2 werden bei der direkten Methode außerordentliche und ertragssteuerbedingte Zahlungsströme gesondert ausgewiesen.[116] Auf Grund der kla-

[113] In Anlehnung an Coenenberg, A.G./Haller, A./Schultze, W. (2009), S. 826.
[114] In Anlehnung an Lühn, M. (2014), in: AdN Nr. 2014-02, S. 6 f.; vgl. auch Coenenberg, A.G./Haller, A./Schultze, W. (2009), S. 826.
[115] In Anlehnung an DRS 2.26 bzw. an das Gliederungsschema I („Direkte Methode"), in: DRSC e.V. (Hrsg.) (2009), Anlage Tabelle 5; zur Übersicht der gesamten KFR nach der direkten Methode vgl. Anhang Abb. A2.
[116] Zum gesonderten Ausweis derartiger Zahlungsströme nach DRS 2 vgl. DRS 2.40 und DRS 2.50; vgl. dazu auch die rot beschrifteten Posten in Abb. III.1.

reren Zuordnung von Zahlungsströmen und des sich daraus ergebenden höheren Informationsgehalts sind diese Änderungen zu befürworten.[117]

Ein- bzw. Auszahlungen außerordentlicher Posten sind nur dann als Vorgänge der lfd. Geschäftstätigkeit auszuweisen, soweit keine Sachverhalte der Investitions- oder Finanzierungstätigkeit betroffen sind. Auch wenn die inhaltliche Konkretisierung außerordentlicher Posten in der Literatur umstritten ist,[118] soll vereinfachend von Zahlungen außerhalb der gewöhnlichen Geschäftstätigkeit ausgegangen werden.[119] Der Bilanzleser kann somit die Auswirkungen außerordentlicher Vorgänge auf gegenwärtige und zukünftige Zahlungsströme und damit letztlich die Nachhaltigkeit der Zahlungen besser beurteilen. Nach DRS 2.26 sind abweichend vom DRS 21.39 außerordentliche Zahlungen netto auszuweisen.[120]

Der Bruttoausweis nach DRS 21 hat den Vorteil, dass dem Saldierungsverbot von Ein- und Auszahlungen entsprochen, und der Ausweis der Cashflows aus der lfd. Geschäftstätigkeit im Unterschied zum DRS 2 nicht länger durch außerordentliche Sachverhalte aus den anderen Tätigkeitsbereichen verfälscht wird.[121] Nach **IFRS** entfallen Angaben zu außerordentlichen Posten, da im Gegensatz zu DRS 21.28 und DRS 2.50 nach IAS 1.87 im Jahresabschluss und damit auch im Anhang der Ausweis außerordentlicher Posten und somit auch die Darstellung von außerordentlichen Zahlungsströmen in der KFR untersagt ist.[122]

Nach der Neuregelung des DRS 21 sind aber nicht nur außerordentliche, sondern auch ertragssteuerbedingte Zahlungsströme grundsätzlich dem Cashflow aus der lfd. Geschäftstätigkeit nach der direkten Methode zuzuordnen. Nach DRS 21.18 f. dürfen **gezahlte Ertragssteuern** abweichend davon nur dann unter Cashflows aus der Investitions- oder Finanzierungstätigkeit ausgewiesen werden, soweit eine solche Zuordnung eindeutig bzw. zutreffend ist.[123] Abweichend vom DRS 2.40 f. sehe nach Li-

---

117 In Anlehnung an Lühn, M. (2014), in: AdN Nr. 2014-02, S. 20.

118 Vgl. dazu die Zusammenstellung diverser Auffassungen in Federmann, R. (1987), in: BB 16/1987, S. 1073 ff.

119 In Anlehnung an die Begriffsdefinition aus § 277 (4) S. 1 HGB.

120 In Anlehnung an Coenenberg, A.G./Haller, A./Schultze, W. (2009), S. 826: Dennoch steht aus Sicht der Autoren die Frage offen, ob in Anlehnung an DRS 2.50 außerordentliche Zahlungen brutto oder netto auszuweisen sind; abweichend davon Lühn, M. (2014), in: AdN Nr. 2014-02, S. 20.

121 Vgl. Lühn, M. (2014), in: AdN Nr. 2014-02, S. 18.

122 Vgl. Kirsch, H. (2014), in: IRZ 7-8/2014, S. 273.

123 Vgl. Baetge, J./Kirsch, H.-J./Thiele, S. (2015), S. 516.

teraturmeinung die Neuregelung dann kein Wahlrecht vor. In solchen Fällen handele es sich um einen Pflichtausweis.[124]

Auch wenn offen sein sollte, wie weitreichend diese Neuregelung gemeint ist bzw. was nun unter einer eindeutigen Zurechenbarkeit zu einem Sachverhalt zu verstehen ist und, auch wenn sogar im Falle einer weiten Abgrenzung von einer Aufspaltung der Ertragssteuerzahlungen auf die jeweiligen Teilbereiche ausgegangen werden darf oder kann,[125] so sollte es sich doch eher um Ausnahmefälle handeln, da eine Aufteilung auf einzelne Geschäftsvorfälle nicht so ohne weiteres willkürfrei möglich ist.[126] Ertragssteuerzahlungen erfolgen im Grunde für die Geschäftstätigkeit insgesamt und nicht für einzelne Geschäftsvorfälle getrennt.[127]

Trotz der diskutierten Brisanz dieser Neuregelung[128] erlaubt DRS 21.18 f. aber auch, Zahlungsströme im Zusammenhang mit Sicherungsgeschäften dem Bereich zuzurechnen, dem die Zahlungen aus dem Grundgeschäft zugehören.[129] Grundsätzlich hat der gesonderte Ausweis gezahlter Ertragssteuern auch den Vorteil, den operativen Cashflow vor und nach Steuern einfach zu ermitteln bzw. auszuweisen.[130]

Das **IASB** hat zum Ausweis von Ertragssteuern wie auch zu den anderen Posten des **Cashflows aus der betrieblichen Tätigkeit** eine dem DRS 21 vergleichbare Regelung festgeschrieben, wenn davon abgesehen wird, dass grundsätzlich nach IFRS keine außerordentliche Posten ausgewiesen werden dürfen, diese Regelung aber nicht KFR-spezifisch ist (Abb. III.3).[131]

---

124 Vgl. Rimmelspacher, D./Reitmeier, B. (2014), in: WPg 15/2014, S. 794; kritisch dazu vgl. Kapitel III.E.

125 Vgl. zur Diskussion Eiselt, A./Müller, S. (2013), in: BB 36/2013, S. 2155 ff.; vgl. auch Kirsch, H. (2014), in: IRZ 7-8/2014, S. 272.

126 Vgl. DRS 21.B6/.B22.

127 Vgl. Rimmelspacher, D./Reitmeier, B. (2014), in: WPg 15/2014, S. 794: Ertragssteuerzahlungen für die Geschäftstätigkeit erfolgen grundsätzlich nicht nur für einzelne Geschäftsvorfälle, sondern insgesamt; abweichend davon vgl. Eiselt, A./Müller, S. (2013), in: BB 36/2013, S. 2155 ff.; vgl. auch Müller, S. (2014), in: BBK 9/2014, S. 442, S. 446.

128 Vgl. Eiselt, A./Müller, S. (2014), S. 33 f.

129 Dies sei nach Müller bei gebildeten Bewertungseinheiten auch steuerrechtlich akzeptiert, vgl. dazu Müller, S. (2014), in: BBK 9/2014, S. 438.

130 In Anlehnung an Lühn, M. (2014), in: AdN Nr. 2014-02, S. 18.

131 Vgl. IAS 1.87 bzw. Fußnote 122.

	Cashflow aus der betrieblichen Tätigkeit:
	Einzahlungen von Kunden für den Verkauf von Erzeugnissen, Waren und Dienstleistungen
-	Auszahlungen an Lieferanten und Beschäftigte
+	Sonstige Einzahlungen, die nicht der Investitions- oder Finanzierungstätigkeit zuzuordnen sind
-	Sonstige Auszahlungen, die nicht der Investitions- oder Finanzierungstätigkeit zuzuordnen sind
-/+	Gezahlte Ertragssteuern
=	**Cashflow aus der betrieblichen Tätigkeit (direkte Methode)**

Abbildung III.3: Möglicher Aufbau zum Cashflow aus der betrieblichen Tätigkeit nach der direkten Methode gemäß IAS 7[132]

So werden nach IAS 7.14 Einzahlungen von Kunden für den Verkauf von Erzeugnissen, Waren und Dienstleistungen empfohlen. Dazu zählen ebenfalls sämtliche Umsatzgeschäfte.[133] Auszahlungen an Lieferanten und Beschäftigte sollen ebenfalls alle Zahlungen für die Beschaffung von Waren und Material inklusive Barzahlungen zur Begleichung von Verbindlichkeiten von Lieferungen und Leistungen etc. umfassen. Sonstige Ein- und Auszahlungen sollen ebenfalls Sammelposten darstellen, die analog DRS 21 und DRS 2 brutto auszuweisen sind. Grundsätzlich sind **Ertragssteuerzahlungen** analog DRS 21[134] und damit abweichend vom DRS 2 dem operativen Cashflow zuzurechnen und gesondert anzugeben, soweit diese nicht den Investitions- oder Finanzierungstätigkeiten eindeutig zuzurechnen sind.[135]

So lassen sich beispielsweise die aus Anlageabgangsgewinnen anfallenden Ertragssteuerzahlungen zwar dem Investitionsbereich zuordnen. Jedoch dürften die gezahlten Ertragssteuern analog zu DRS 21 im Regelfall im operativen Bereich ausgewiesen werden, da die verursachenden Zahlungsströme nach IAS 7.35 f. üblicherweise nicht eindeutig identifizierbar sind.[136] Zahlungen aus dem Verkauf und Ankauf von Wertpapieren des Handelsbestands sind nach IAS 7.15 ebenfalls dem operativen Cashflow zuzurechnen; nach dem DRS 21.46 erfolgt aber eine Zuordnung zum

132 In Anlehnung an Pellens, B./Fülbier, R.U./Gassen, J./Sellhorn, T. (2011), S. 194; vgl. IAS 7.Appendix A; vgl. zur möglichen Ausgestaltung einer KFR nach IAS 7 Abb. A3 im Anhang.

133 Vgl. im Detail IAS 7.14; vgl. auch im Folgenden Coenenberg, A.G./Haller, A./Schultze, W. (2009), S. 839: Nach Auffassung der Autoren liegt bei den weiteren Positionen eine sehr große Übereinstimmung mit den Vorschriften des DRS 2 vor. Wie bereits weiter oben dargestellt gilt dies im Folgenden auch für den DRS 21, soweit es sich nicht um gezahlte Ertragssteuern handelt.

134 Die Regelung des IAS 7.35 f. entspricht DRS 21.18 f., vgl. dazu Kirsch, H. (2014), in: IRZ 7-8/2014, S. 273.

135 Vgl. IAS 7.35 f.

136 In Anlehnung an Coenenberg, A.G./Haller, A./Schultze, W. (2009), S. 839.

Cashflow aus der Investitionstätigkeit.[137] Ein- und Auszahlungen aus Sicherungsgeschäften sind nach IAS 7.16 grundsätzlich dem Grundgeschäft und damit regelmäßig dem operativen Cashflow zuzuordnen.[138] Damit hat das IASB eine zum DRS 21.20 vergleichbare Regelung festgeschrieben.[139]

Zusammenfassend ist festzuhalten, dass die Neuregelungen des DRS 21 zu einer weitgehenden Übereinstimmung mit dem IAS 7 führen. Mitunter werden gezahlte Ertragssteuern gesondert und die übrigen Posten konsequenter nach der Bruttomethode ausgewiesen. Dennoch können die beiden Standards allein schon deshalb nicht vollständig kompatibel sein, da z.B. außerordentliche Posten nach der Systematik des IFRS grundsätzlich nicht angezeigt werden und IAS 7 auch keine Mindestgliederung hat. Unstreitig ist aber der DRS 21 eine Weiterentwicklung des DRS 2 in Anlehnung an den internationalen Standard IAS 7. Im nächsten Schritt soll diskutiert werden, ob dies auch für den operativen Cashflow zutreffend ist, soweit er nach der indirekten Methode dargestellt wird.

b) Indirekte Methode

Der Netto-Cashflow kann ausgehend vom Periodenergebnis durch Eliminierung zahlungsunwirksamer Sachverhalte und durch Ergänzung zahlungswirksamer Vorgänge der lfd. Geschäftstätigkeit, die nicht in der GuV-Rechnung erfasst sind, **indirekt** dargestellt werden.[140] Dazu enthält DRS 21.40 ein Mindestgliederungsschema, das wie bei der direkten Methode branchen- bzw. unternehmensbezogen weiter untergliedert werden kann (Abb. III.4).[141]

137 Die Regelung des DRS 21.46 ist analog zu DRS 2.32; genaueres vgl. im Kapitel III.B.2.

138 Das ist z.B. bei Zahlungen für die Absicherung von Umsatzeinzahlungen der Fall, vgl. dazu Heuser, P.J./Theile, C. (Hrsg.) (2012) zu IAS 7 Tz. 7753.

139 Vgl. zu den ergänzenden Angaben im Einzelnen Kapitel III.D.

140 Vgl. DRS 21.38b) und DRS 21.B17 ff.

141 Vgl. zu branchenspezifischen Abgrenzungs- und Ausweiskriterien z.B. DRS 21.B7.

Cashflow aus der laufenden Geschäftstätigkeit:

	Periodenergebnis (Jahresüberschuss/-fehlbetrag)
+/-	Abschreibungen/Zuschreibungen auf Gegenstände des Anlagevermögens
+/-	Zu- und Abnahme der Rückstellungen
+/-	Sonstige zahlungsunwirksame Aufwendungen/Erträge
-/+	Zunahme/Abnahme der Vorräte, der Forderungen aus Lieferungen und Leistungen sowie anderer Aktiva, die nicht der Investitions- oder Finanzierungstätigkeit zuzuordnen sind
+/-	Zunahme/Abnahme der Verbindlichkeiten aus Lieferungen und Leistungen sowie anderer Passiva, die nicht der Investitions- oder Finanzierungstätigkeit zuzuordnen sind
-/+	Gewinn/Verlust aus dem Abgang von Gegenständen des Anlagevermögens
+/-	Zinsaufwendungen/Zinserträge
-	Sonstige Beteiligungserträge
+/-	Aufwendungen/Erträge aus außerordentlichen Posten
+/-	Ertragssteueraufwand/-ertrag
+	Einzahlungen aus außerordentlichen Posten
-	Auszahlungen aus außerordentlichen Posten
-/+	Ertragssteuerzahlungen
=	**Cashflow aus der laufenden Geschäftstätigkeit (indirekte Methode)**

Abbildung III.4: Cashflow aus der lfd. Geschäftstätigkeit nach der indirekten Methode gemäß DRS 21[142]

Analog DRS 2 gehören zu den zahlungsunwirksamen Korrekturen mitunter Zu- und Abnahmen aller Rückstellungen, (außer-)planmäßige Zu-/Abschreibungen sowie sonstige Aufwendungen und Erträge (Abb. III.5).[143] Rückrechnungen haben für sämtliche Abschreibungen auf Gegenstände des Anlagevermögens zu erfolgen. Abschreibungen auf Gegenstände des Umlaufvermögens sind hingegen unter dem Posten „Zu-/Abnahme der Vorräte, Forderungen aus Lieferungen und Leistungen sowie anderer Aktiva, die nicht der Investitions- und Finanzierungstätigkeit zuzuordnen sind" auszuweisen.[144]

142 In Anlehnung an DRS 21.40 bzw. an das Mindestgliederungsschema II („Indirekte Methode"), in: BMJV (2014), Anlage 1 Tabelle 6.

143 Vgl. DRS 21.B18 und DRS 2.27; im Folgenden in Anlehnung an Lühn, M. (2014), in: AdN Nr. 2014-02, S. 8 ff.; vgl. auch Coenenberg, A.G./Haller, A./Schultze, W. (2009), S. 828 ff.

144 Des Weiteren sind unter diesem Posten auch die Veränderungen der Wertpapiere und der Roh-, Hilfs- und Betriebsstoffe, unfertiger Erzeugnisse und Leistungen, fertiger Erzeugnisse und Waren, geleistete Anzahlungen auf Lieferungen in das Umlaufvermögen auszuweisen. Daneben fallen unter diesen Posten die Zu-/Abnahme der Forderungen aus Lieferungen und Leistungen, sonstigen Forderungen sowie sonstiger Vermögensgegenstände.

Cashflow aus der laufenden Geschäftstätigkeit:

	Periodenergebnis vor außerordentlichen Posten
+/-	Abschreibungen/Zuschreibungen auf Gegenstände des Anlagevermögens
+/-	Zu- und Abnahme der Rückstellungen
+/-	Sonstige zahlungsunwirksame Aufwendungen/Erträge (z.B. Abschreibung auf ein aktiviertes Disagio)
-/+	Gewinn/Verlust aus dem Abgang von Gegenständen des Anlagevermögens
-/+	Zunahme/Abnahme der Vorräte, der Forderungen aus Lieferungen und Leistungen sowie anderer Aktiva, die nicht der Investitions- oder Finanzierungstätigkeit zuzuordnen sind
+/-	Zunahme/Abnahme der Verbindlichkeiten aus Lieferungen und Leistungen sowie anderer Passiva, die nicht der Investitions- oder Finanzierungstätigkeit zuzuordnen sind
+/-	Ein- und Auszahlungen aus außerordentlichen Posten
=	**Cashflow aus der laufenden Geschäftstätigkeit (indirekte Methode)**

Abbildung III.5: Cashflow aus der lfd. Geschäftstätigkeit nach der indirekten Methode gemäß DRS 2[145]

Hingegen werden Bestandsänderungen der Verbindlichkeiten aus Lieferungen, Leistungen sowie der anderen Passiva in einem separaten Posten unter dem operativen Cashflow ausgewiesen, soweit die Zahlungen nicht dem Bereich der Investitions- und Finanzierungstätigkeit bzw. dem Finanzmittelfonds zugeordnet werden können.[146]

Mit der Einbeziehung der Veränderung der Rückstellungen, insbesondere für Pensionsrückstellungen und ähnliche Verpflichtungen,[147] werden die im Periodenergebnis enthaltenen Aufwendungen und Erträge in die entsprechenden Zahlungsströme überführt. Zahlungsunwirksame Zuführungen zu den Rückstellungen belasten das Periodenergebnis. Da ihnen keine periodengleichen Auszahlungen gegenüberstehen, muss eine entsprechende Korrektur vorgenommen werden. Der Liquiditätsabfluss einer erfolgsneutralen Inanspruchnahme von Rückstellungen wird mit der Verminderung von Rückstellungen berücksichtigt. Sonstige zahlungsunwirksame Aufwendungen und Erträge werden in einem Sammelkorrekturposten zusammengefasst. Darunter fällt auch die Korrektur währungs- und wechselkursbedingter

145 In Anlehnung an DRS 2.27 bzw. an das Gliederungsschema II („Indirekte Methode"), in: DRSC e.V. (Hrsg.) (2009), Anlage Tabelle 6.

146 In Betracht kommen insb. Verbindlichkeiten gegenüber Kreditinstituten, erhaltene Anzahlungen auf Bestellungen, Verbindlichkeiten aus Lieferungen und Leistungen, Wechselverbindlichkeiten, Verbindlichkeiten gegenüber verbundenen Unternehmen und Verbindlichkeiten gegenüber Unternehmen, mit denen ein Beteiligungsverhältnis besteht.

147 Vgl. zur Aufzinsungs- und Saldierungsproblematik von (Pensions-)Rückstellungen Fußnote 208 in Kapitel III.B.2.

Zu-/Abschreibungen, da diese in der Fondsveränderungsrechnung ausgewiesen werden.[148] Gewinne und Verluste aus dem Abgang von Gegenständen des Anlagevermögens werden in einem weiteren separaten Korrekturposten unter dem operativen Cashflow ausgewiesen, da diese als Ergebnis der Desinvestition dem Investitionsbereich zuzurechnen sind.[149]

Abweichend vom DRS 2 unterscheidet sich die Ausweis- und Zuordnungssystematik der Neuregelung des DRS 21 vor allem in den folgenden vier Punkten: Ausgangsgröße des operativen Cashflows, Zinsen und Dividenden, Ertragssteuern und außerordentliche Posten.[150]

Ausgangspunkt des operativen Cashflows nach der indirekten Methode bildet grundsätzlich das Periodenergebnis, das abweichend vom DRS 2 in der Neuregelung des DRS 21.40 bzw. DRS 21.9 als Jahrsüberschuss/-fehlbetrag definiert und deshalb nicht länger ein unbestimmter Rechtsbegriff ist. Geregelt ist in DRS 2 nur, dass es sich grundsätzlich um ein Ergebnis vor außerordentlichen Posten und im Fall des möglicherweise gesonderten Ausweises von Ertragssteuern um ein Periodenergebnis auch vor Ertragssteuern handelt.[151] Im Unterschied zu DRS 2 hat die Ausgangsgröße nach DRS 21.9 zusätzlich das außerordentliche Ergebnis sowie den Ertragssteueraufwand bzw. -ertrag ausgewiesen, mit der Folge, dass die so definierte Ausgangsgröße abweichend vom DRS 2 um eben jene außerordentlichen Posten und den Ertragssteueraufwand/-ertrag im operativen Cashflow korrigiert werden muss.[152] Jedoch hat DRS 2 regelmäßig eine Ergebnisgröße i.S.v. § 275 HGB, also den Jahresüberschuss/-fehlbetrag, als Ausgangspunkt.[153]

---

148 Darunter fallen z.B. auch Aufwendungen, die aus der Auflösung eines in Vorperioden zahlungswirksam gebildeten aktiven Rechnungsabgrenzungspostens resultieren. Nicht zu erfassen ist z.B. ein aktiv abgegrenztes Disagio. Für das Disagio nach § 250 (3) HGB als Sonderfall aktiver Rechnungsabgrenzungsposten gilt folgendes: Im Jahr der Kreditaufnahme ist ein aktives Disagio nicht als Auszahlung dem Bereich der lfd. Geschäftstätigkeit zuzurechnen, sondern als Minderung des zufließenden Fremdkapitals zu behandeln. Die Auflösung des Disagios in den Folgejahren erhöht zwar über die Zinszahlungen hinaus den Zinsaufwand in der GuV-Rechnung, ist aber in der KFR zu korrigieren; vgl. grundsätzlich zur Fondsveränderungsrechnung Kapitel III.C.

149 Vgl. Coenenberg, A.G./Haller, A./Schultze, W. (2009), S. 829.

150 Vgl. dazu die rot beschrifteten Posten in Abb. III.4.

151 Vgl. DRS 2.27; vgl. zum Periodenergebnis vor Ertragssteuern DRS 2.43.

152 Vgl. Rimmelspacher, D./Reitmeier, B. (2014), in: WPg 15/2014, S. 790.

153 Vgl. Ellrott, H./Förschle, G./Grottel, B./Kozikowski, M./Schmidt, S./Winkeljohann, N. (Hrsg.) (2012), in: Beck`scher Bilanzkommentar zu § 297 Ziff. 60; inhaltlich ist das Gliederungsschema nach DRS 21 zu ändern bzw. anzupassen, wenn nicht das Ergebnis als Ausgangsgröße verwendet wird, da einige Posten nicht zu korrigieren sind, vgl. dazu Müller, S. (2014), in: Freidank,R./Kußmaul, H./Müller, S. (Hrsg.) (2014), S. 32.

Alternativ gestattet DRS 2.28 die Auswahl einer davon abweichenden Ausgangsgröße. Eine unternehmensspezifisch definierte Ausgangsgröße ist dann analog zu DRS 21.41 auf das Periodenergebnis überzuleiten.[154] Stattdessen kann die Überleitungsrechnung unterhalb der KFR, im Anhang oder durch Verweis auf die GuV (falls die Ausgangsgröße dort gesondert ausgewiesen wird) erfolgen.[155]

Welche Posten die indirekte Darstellung beinhaltet, bestimmt sich also auch nach der Wahl der Ausgangsgröße.[156] Dient der Jahresüberschuss/-fehlbetrag als Ausgangspunkt, werden nach der Neuregelung Beteiligungs- und Zinserträge abgezogen bzw. Zinsaufwendungen hinzugerechnet und damit **Zinsen und Dividenden** quasi storniert.[157] Nach dem DRS 21 ist die Zuordnungssystematik von Zinsaufwendungen/-erträgen zum einen und von Beteiligungserträgen (Dividenden) zum anderen geändert worden. Wesentlich geändert[158] hat sich der Ausweis empfangener Zinsen und Dividenden unter dem Cashflow aus der Investitionstätigkeit nach DRS 21.48, da diese als Entgelte für die Kapitalüberlassung in Form von Investitionen interpretiert werden. Des Weiteren werden nach DRS 21.44 gezahlte Zinsen und Dividenden unter dem Cashflow aus der Finanzierungstätigkeit ausgewiesen, da diese Entgelte für die Kapitalüberlassung sind.[159] Bislang wurden nach DRS 2.37 nur gezahlte Dividenden dem Cashflow aus der Finanzierungstätigkeit zugeordnet.

Bislang sind nach DRS 2.36 und DRS 2.39 gezahlte und erhaltene Zinsen sowie erhaltene Dividenden neben anderen übernommenen Ergebnissen grundsätzlich dem operativen Cashflow zugerechnet worden, soweit aus diesen Sachverhalten Zahlungen resultierten. Ausgenommen davon erfolgte eine Zuordnung zur Investitionstätigkeit oder zur Finanzierungstätigkeit, soweit dies sachlich begründet bzw. ein Zahlungsstrom einem dieser Tätigkeitsbereiche zuzurechnen war.[160] Es handelt sich um eine wesentliche Neuerung des DRS 21, da abweichend vom DRS 2 eine klare(re)

---

154 Alternativ ist es z.B. möglich, den sog. EBITDA („Earnings Before Interest Tax Depreciation and Amortization") als Ausgangsgröße unternehmensspezifisch festzulegen. Für (Konzern-)Jahresabschlüsse ist die Ausgangsgröße des operativen Cashflows, also der (Konzern-)Jahresübschuss/-fehlbetrag, inklusive dem Ergebnis anderer Gesellschafter auszuweisen.

155 Vgl. DRS 21.41 i.V.m. DRS 21.52 f. und DRS 2.28 i.V.m. DRS 2.52; vgl. im Einzelnen in Kapitel III.D.

156 Vgl. Müller, S. (2014), in: Freidank,R./Kußmaul, H./Müller, S. (Hrsg.) (2014), S. 32.

157 Vgl. Baetge, J./Kirsch, H.-J./Thiele, S. (2015), S. 515.

158 Vgl. dazu Institut der Wirtschaftsprüfer e.V. (Hrsg.) (2014b), in: WPg 9/2014, S. 457.

159 Vgl. Baetge, J./Kirsch, H.-J./Thiele, S. (2015), S. 515; vgl. zum Cashflow aus der Investitionstätigkeit und Finanzierungstätigkeit Kapitel III.B.2 und III.B.3.

160 Zur bisherigen Regelung des DRS 2 vgl. Stahn, F. (2000), in: DB 5/2000, S. 233 ff.

Zuordnung der Zahlungsströme zu einzelnen Tätigkeitsbereichen erfolgt und bisherige Wahlrechte eingestellt werden.[161] So sind z.B. erhaltene Zinsen für Cashpool-Forderungen oder für Zahlungsmittel(-äquivalente) wie die Zinsen für dreimonatige Festgeldanlagen im Zusammenhang mit dem Finanzmittelfonds oder aus dem Verkauf von Vorratsvermögen auf Ziel dem operativen Cashflow zuzurechnen und gesondert auszuweisen, soweit die Veränderungen der lfd. Geschäftstätigkeit zugeordnet werden können.[162]

Abweichend davon wird in der Literatur die Verlagerung der Zahlungsströme von operativen Zahlungsströmen in den investiven und finanziellen Bereich durchaus auch kritisch beurteilt.[163] Zur Diskussion steht auch,[164] ob und inwieweit die Neuordnung zu einer Verlagerung der **Ertragssteuerzahlungen** führen müsste, die aber nach DRS 21.19 nur im Falle einer eindeutigen Zurechenbarkeit möglich ist.

Denn zum einen kann es nach Literaturmeinung in Einzelfällen zu einer betriebswirtschaftlich verzerrten Darstellung des operativen Cashflows kommen,[165] zum anderen ist – wie unter Anwendung der direkten Methode – eine Aufteilung auf einzelne Geschäftsvorfälle in der Praxis nicht ohne weiteres willkürfrei möglich bzw. wahrscheinlich.[166] DRS 21.18 f. erlaubt, Zahlungsströme i.Z.m. Sicherungsgeschäften dem Bereich zuzurechnen, dem die Zahlungen aus dem Grundgeschäft zugehören.[167] Ist die

161 Vgl. Kirsch, H. (2014), in: IRZ 7-8/2014, S. 272; die Zuordnung gezahlter Dividenden zur Finanzierungstätigkeit ändert sich nach DRS 21.48 hingegen nicht. Diese Zuordnung gilt abgesehen von Kredit- und Finanzdienstleistungsinstituten sowie Versicherungsunternehmen unabhängig vom jeweiligen Geschäftsmodell, vgl. dazu Kapitel III.B.3.

162 Vgl. Rimmelspacher, D./Reitmeier, B. (2014), in: WPg 15/2014, S. 794: Bei Zinsen und Dividenden, die nicht periodisch, sondern als Unterschiedsbetrag zwischen Ausgabe- und Einlösungsbetrag auf die Kapitalüberlassung geleistet werden, erscheint es sachgemäß, auch diesen Differenzbetrag unter den Zinsen gesondert auszuweisen. Des Weiteren sollten dem Eigen- oder Fremdkapitalcharakter entsprechend Vergütungen für Genussrechte grundsätzlich den Dividenden oder Zinsen zugewiesen werden. Im Falle erheblicher Bedeutung sollte ein Ausweis wie Ein- und Auszahlungen i.Z.m. dem Genussrechtskapitel selbst nach DRS 21.27 erfolgen und gesondert ausgewiesen werden.

163 Vgl. dazu Müller, S. (2014a), in: BBK 9/2014, S. 439.

164 Daneben wird diskutiert, ob durch die Verlagerung in den investiven Bereich auch eine Problematik im Bereich der Veränderung der Rückstellungen resultieren kann. Nach § 275 (5) HGB seien die Effekte aus der Abzinsung der Rückstellungen gesondert unter dem Posten Zinsaufwand/-ertrag auszuweisen. Wenn nun bei der Veränderung der Rückstellung ein nicht zahlungswirksamer Aufzinsungseffekt korrigiert werde, dürfe dieser in dem Zinsaufwand enthaltene Effekt nicht korrigiert werden, da es sonst zu einer Doppelerfassung käme, vgl. dazu Müller, S. (2014), in: Freidank,R./Kußmaul, H./Müller, S. (Hrsg.) (2014), S. 32.

165 Dies dürfte z.B. bei der Ermittlung der Steuervorteile von Zinsen aus nicht gezahlten Steuern wegen der Zinsschrankenproblematik eine herausfordernde Aufgabe sein, vgl. dazu Müller, S. (2014a), in: BBK 9/2014, S. 442.

166 Vgl. im Einzelnen auch Kapitel III.B.1.a).

167 Vgl. zu diesem Problemkreis die Diskussion im Kapitel III.B.1.a).

Entscheidung einmal getroffen, ist nach DRS 21.23 das Stetigkeitsprinzip zu beachten.[168] Dies betrifft auch die Entscheidung, ob Ertragssteuerzahlungen brutto oder in Anlehnung an DRS 21.26c) ausnahmsweise netto ausgewiesen werden.

Abweichend vom DRS 2.43 ist nach der indirekten Methode keine gesonderte Angabe von gezahlten Ertragssteuern im Anhang zulässig. DRS 21.18 erlaubt lediglich einen gesonderten Ausweis in der KFR.[169] Dazu werden nach der indirekten Methode die Aufwendungen und Erträge aus Ertragssteuern vom Jahresergebnis korrigiert, um so die Zahlungswirkung aus Ertragssteuern gesondert darzustellen. Analog dazu korrigiert der Posten „Aufwendungen/Erträge aus außerordentlichen Posten" den Zahlungsfluss getrennt nach Ein- und Auszahlungen **außerordentlicher Posten**, sodass diese abweichend vom DRS 2 brutto erfasst werden können.[170]

Diese, wie andere Posten, sind Beispiele dafür, dass in der indirekten Methode einzelne Posten z.T. sehr unterschiedlich aufgeführt werden und damit die Daten daraus, uneinheitlich und erschwert zu interpretieren sind.[171] Dennoch sind die Ein- und Auszahlungen außerordentlicher Posten analog der direkten Methode nur dann als Vorgänge der lfd. Geschäftstätigkeit auszuweisen, soweit keine Sachverhalte der Investitions- oder Finanzierungstätigkeit betroffen sind.[172] Im Gliederungsschema des DRS 2.27 sind außerordentliche Zahlungen abweichend vom DRS 21.40 netto ausgewiesen. Der Bruttoausweis nach DRS 21 hat den Vorteil, dass dem Saldierungsverbot von Ein- und Auszahlungen entsprochen und der Ausweis der Cashflows aus der lfd. Geschäftstätigkeit im Unterschied zum DRS 2 nicht länger durch außerordentliche Sachverhalte aus den anderen Tätigkeitsbereichen verfälscht wird.[173] Nach **IFRS** entfallen die Angaben zu außerordentlichen Posten nach IAS 1.87 im Jahresabschluss und damit auch für die Darstellung von außerordentlichen Zahlungsströmen nach der indirekten Methode für den operativen Cashflow.[174]

---

168 Vgl. zum Stetigkeitsprinzip/-gebot die Ausführungen im Kapitel II.D.2.
169 Vgl. Rimmelspacher, D./Reitmeier, B. (2014), in: WPg 15/2014, S. 794.
170 Vgl. dazu Abb. III.4.
171 Vgl. Müller, S. (2014), in: Freidank,R./Kußmaul, H./Müller, S. (Hrsg.) (2014), S. 32.
172 Vgl. auch im Folgenden zu diesem Problemkreis die Diskussion im Kapitel III.B.1.a).
173 Vgl. Lühn, M. (2014), in: AdN Nr. 2014-02, S. 18.
174 In Anlehnung an Kirsch, H. (2014), in: IRZ 7-8/2014, S. 273.

Ein wesentlicher Unterschied zum DRS 21 liegt darin, dass **IAS 7** auch bei der indirekten Methode keine Mindestgliederung für den **Cashflow aus der betrieblichen Tätigkeit** kennt und es lediglich einen exemplarischen Appendix im Anhang zu den einzelnen Tätigkeitsbereichen gibt.[175] Beide Standards grenzen den operativen Bereich negativ gegenüber der Investitions- und Finanzierungstätigkeit ab, wobei IAS 7 den materiellen Inhalt des Bereichs der betrieblichen Tätigkeit anhand einer nicht abschließenden Aufzählung wie folgt konkretisiert (Abb. III.6):

Cashflow aus der betrieblichen Tätigkeit:

	Periodenergebnis (Gewinn oder Verlust vor Ertragssteuern und Zinsen)
+/-	Abschreibungen/Zuschreibungen auf Vermögenswerte des Anlagevermögens
+/-	Zu-/Abnahme der Rückstellungen
+/-	Sonstige zahlungsunwirksame Aufwendungen/Erträge
-/+	Gewinn/Verlust aus dem Verkauf von Vermögenswerten des Anlagevermögens sowie anderer Aktiva, die nicht der Investitions- oder Finanzierungstätigkeit zuzuordnen sind
+/-	Zunahme/Abnahme der Verbindlichkeiten aus Lieferungen und Leistungen sowie anderer Passiva, die nicht der Investitions- oder Finanzierungstätigkeit zuzuordnen sind
-/+	Zunahme/Abnahme der Vorräte, der Forderungen aus Lieferungen und Leistungen
-/+	Gezahlte Ertragssteuern
+/-	Zinszahlungen und Dividendenzahlungen
=	**Cashflow aus der betrieblichen Tätigkeit (indirekte Methode)**

Abbildung III.6: Möglicher Aufbau zum Cashflow aus der betrieblichen Tätigkeit nach der indirekten Methode gemäß IAS 7[176]

Daraus ergibt sich eine weitgehende Übereinstimmung zwischen den beiden Standards, soweit es die

1. Korrektur der nicht zahlungswirksamen Aufwendungen und Erträge wie die Zu-/Abschreibungen, Zu-/Abnahmen der Rückstellungen und sonstigen zahlungswirksamen Aufwendungen/Erträge,
2. Korrektur um GuV-wirksame Vorgänge, die dem Bereich der Investition oder der Finanzierungstätigkeit zuzurechnen sind, wie die Gewinne/Verluste aus dem Verkauf von Vermögenswerten des Anlagevermögens,

---

175 Vgl. IAS 7.18 ff. und IAS 7.Appendix A.

176 In Anlehnung an Pellens, B./Fülbier, R.U./Gassen, J./Sellhorn, T. (2011), S. 194; vgl. auch im Anhang Abb. A3.

3. Darstellung GuV-unwirksamer, zahlungswirksamer Veränderungen der Posten der Vermögenswerte und Schuldposten, wie zum einen die Zu-/Abnahme der Vorräte, der Forderungen aus Lieferungen und Leistungen sowie anderer Aktiva und zum anderen die Zu-/Abnahme der Verbindlichkeiten aus Lieferungen und Leistungen sowie anderer Passiva, die jeweils keiner Investitions- und Finanzierungstätigkeit zuzurechnen sind,

betrifft und die Prioritätensetzung nach DRS 21 analog IAS 7.19 auf der direkten Methode liegt.[177] Von größerer Bedeutung ist hingegen die Diskussion, inwieweit die Änderungen des DRS 21 zu einer Annäherung des Standards an den IAS 7 führt. So sind nach IAS 7.15 **kurzfristige Finanzdispositionen** abweichend vom DRS 21 grundsätzlich im betrieblichen Cashflow auszuweisen.[178] Neben der Erkenntnis, dass es nach IAS 7 im Gegensatz zum DRS 21 keine Mindestgliederung und keine außerordentlichen Posten gibt, sind folgende drei Posten eingehender zu betrachten: Das Periodenergebnis als Ausgangsgröße, die Ertragssteuerzahlungen sowie die Zins- und Dividendenzahlungen.

Bei dem **Periodenergebnis** handelt es sich grundsätzlich um das Gesamtergebnis nach Zinsen und Steuern. Da die Zins- und Steuerzahlungen gesondert ausgewiesen werden, ist das Periodenergebnis entweder um die Zins- und Steueraufwendungen/-erträge in der KFR zu korrigieren oder nach IAS 7.31 bzw. IAS 7.35 als Korrekturposten separat auszuweisen. Als einfachere Alternative wird der EBIT („Earnings Before Interests and Tax") als Ausgangpunkt bewertet.[179]

Damit räumt IAS 7 wie der DRS 21 in der Wahl der Ausgangsgröße eine vergleichbare Flexibilität ein, auch wenn der EBIT nach DRS 21 als alternative Ausgangsgröße nicht priorisiert worden ist. Ein Unterschied kann sich aber im Falle einer Berücksichtigung eines evtl. außerordentlichen Ergebnisses i.S.v. § 277 (4) HGB ergeben.[180] Da diese Einschränkung bereits unter Anwendung des DRS 2 gilt, ist zu attestieren,

177 Vgl. zu den Korrekturschritten Pellens, B./Fülbier, R.U./Gassen, J./Sellhorn, T. (2011), S. 194; vgl. auch Heuser, P.J./Theile, C. (Hrsg.) (2012) zu IAS 7 Tz. 7740 ff.

178 Nach DRS 21.46 ist dieser Posten dem Investitionsbereich zuzuordnen, vgl. dazu im Einzelnen Kapitel III.B.2.

179 Vgl. auch im Folgenden Heuser, P.J./Theile, C. (Hrsg.) (2012) zu IAS 7 Tz. 7741.

180 In Anlehnung an Ellrott, H./Förschle, G./Grottel, B./Kozikowski, M./Schmidt, S./Winkeljohann, N. (Hrsg.) (2012), in: Beck`scher Bilanzkommentar zu § 297 Ziff. 231.

dass die Neuregelung des DRS 21 zum Periodenergebnis als Ausgangsgröße vergleichbar bzw. angenähert bleibt.[181]

Jedoch können abweichend vom DRS 21 erhaltene und gezahlte Zins- und Dividenden- sowie Ertragssteuerzahlungen wahlweise unterschiedlichen Aktivitätsbereichen zugeordnet werden.[182] Während gezahlte Zinsen und erhaltene **Zinsen und Dividenden** nur bei Kreditinstituten im Normalfall unter dem operativen Cashflow nach IAS 7.33 auszuweisen sind, besteht für Nicht-Banken ein explizites Ausweiswahlrecht nach IAS 7.31.[183] Bislang kam es nach DRS 2.37 lediglich für gezahlte Dividenden zu einer Abweichung zum IAS 7.34, soweit im IFRS-Abschluss keine Zuordnung zum Finanzierungs-Cashflow erfolgte. Mit der Neuregelung des DRS 21 sind bei der indirekten Methode analog zur direkten Methode[184] nach Ziffer 44 erhaltene Zinsen und Dividenden unter dem Cashflow aus der Investitionstätigkeit und gezahlte Zinsen und Dividenden nach DRS 21.48 unter dem Cashflow aus der Finanzierungstätigkeit auszuweisen.[185]

Damit ist einerseits festzustellen, dass zwar mit der Neuregelung des DRS 21 eine klarere Zuordnung von Zinsen und Dividenden verbunden ist, diese aber nicht zwingend kompatibel zum IAS 7 ist. Andererseits sind die Wahlrechte aus dem IAS 7.31 ff. umstritten.[186] Es überlässt dem Bilanzersteller eine gewisse individuelle Gestaltungsmöglichkeit und damit ein bilanzpolitisches Potenzial, das nach der Neuregelung des DRS 21 infolge der eindeutigeren und für alle Unternehmen vergleichbareren Zuordnung eingeschränkt wird.

Da aber nach IAS 7.19 nicht die indirekte sondern die direkte Methode maßgebend ist, sollten evtl. Vorzüge aus der eindeutigeren Zuordnung des DRS 21 in der Praxis für die Vergleichbarkeit der KFR von internationalen Abschlüssen eher von untergeordneter Bedeutung sein. Ungeachtet dessen wird bereits im DRS 2 durch das sog.

---

181 Vgl. DRS 21.41 i.V.m. DRS 21.52 f. und DRS 2.28 i.V.m. DRS 2.52: Jedoch ist der EBIT keine favorisierte, wenn auch mögliche alternative Ausgangsgröße nach dem DRSC.

182 Vgl. IAS 7.31-34; vgl. Eiselt, A./Müller, S. (2014), S. 37.

183 Vgl. auch Keitz, I.v./Grote, R./Hansmann, M. (2015), S. 58.

184 Vgl. im Einzelnen Kapitel III.B.1.a).

185 Vgl. zum Ausweis im Investitions- bzw. Finanzierungsbereich Kapitel III.B.2 und III.B.3.

186 In Anlehnung an Zimmermann, J./Werner, J.R./Hitz, J.-M. (2015), S. 314.

„Meistregelungsprinzip" die Einhaltung aller Pflichtangaben des IAS 7 sichergestellt, das auch für den DRS 21 gelten dürfte.[187]

Das bedeutet insgesamt eine Wahrung der Kompatibilität des DRS 21 zum IAS 7 in der KFR. Hingegen sind abweichend vom DRS 2 nach IAS 7.35 f. **Ertragssteuerzahlungen** analog DRS 21.18 f. im operativen Cashflow gesondert auszuweisen, soweit diese keiner bestimmten Investitions- oder Finanzierungstätigkeit zuzurechnen sind.[188] Zahlungsströme aus Sicherungsgeschäften sind nach IAS 7.16 grundsätzlich dem Grundgeschäft und damit regelmäßig dem operativen Cashflow zuzuordnen.[189] Damit hat das IASB auch bei der indirekten Methode eine dem DRS 21.20 vergleichbare Regelung festgeschrieben.[190]

Zusammenfassend ist festzuhalten, dass der DRS 21, insbesondere hinsichtlich der Ausgangsgröße und den gesondert ausgewiesenen Ertragssteuerzahlungen, mit dem IAS 7 grundsätzlich übereinstimmt. Jedoch schränkt der DRS 21 mit der klareren Zuordnung der Zinsen und Dividenden in einer zum DRS 2 vergleichsweise präziseren Mindestgliederung die bisherigen Ausweiswahlrechte des DRS 2 und damit letztlich das bilanzpolitische Potenzial eines Bilanzerstellers in Abgrenzung zum IAS 7 weiter ein. Infolge der Wahrung des sog. „Meistregelungsprinzips" und der priorisierten direkten Methode in internationalen Abschlüssen dürfte in der Praxis letztlich eine Annäherung zwischen der Neuregelung des DRS 21 und dem IAS 7 insgesamt gewahrt bleiben. Im nächsten Schritt soll diskutiert werden, welche Neuerungen des DRS 21 im Vergleich zum DRS 2 bei dem Cashflow aus der Investitionstätigkeit zur Anwendung kommen, und ob bzw. inwieweit diese zu einer Annäherung an den IAS 7 führen.

---

[187] Vgl. Baetge, J./Kirsch, H.-J./Thiele, S. (2015), S. 524: Im DRS 2 wurde durch das sog. „Meistregelungsprinzip" sichergestellt, dass in einer KFR alle Pflichtangaben des IAS 7 berücksichtigt sein müssen, sodass alle Anforderungskriterien des internationalen Standards erfüllt sind. Aus Autorensicht dürfte dies auch für den DRS 21 erfüllt sein, sodass die Neuregelung des DRSC aus Autorensicht ebenfalls kompatibel zum IAS 7 sein dürfte.

[188] Vgl. dazu die Ausführungen zur direkten Methode in Kapitel III.B.1.a); abweichend von DRS 2.43 ist jedoch kein ergänzender Ausweis unterhalb der KFR oder im Anhang zulässig; vgl. dazu grundlegend Kapitel III.D.

[189] Das ist z.B. bei Zahlungen für die Absicherung von Umsatzeinzahlungen der Fall, vgl. dazu Heuser, P.J./Theile, C. (Hrsg.) (2012) zu IAS 7 Tz. 7753.

[190] Vgl. zu den ergänzenden Angaben im Einzelnen Kapitel III.D.

2. Cashflow aus der Investitionstätigkeit

Nach dem DRSC steht der **Cashflow aus der Investitionstätigkeit** mit den Ressourcen (In- und Desinvestitionen) von Unternehmen im Zusammenhang, durch die langfristig Erträge und Cashflows erwirtschaftet werden sollen. Daneben sind auch Zahlungsströme aus der kurzfristigen Finanzdisposition auszuweisen, soweit diese nicht dem Finanzmittelfonds zuzurechnen sind oder zu Handelszwecken gehalten werden.[191] Abweichend vom operativen Cashflow sind die Ein- und Auszahlungen nur **direkt** darzustellen.[192] Nach DRS 21 begründet sich daraus folgende Mindestgliederung (Abb. III.7):[193]

Cashflow aus der Investitionstätigkeit:

	Einzahlungen aus Abgängen von Gegenständen des immateriellen Anlagevermögens
-	Auszahlungen für Investitionen in das immaterielle Anlagevermögen
+	Einzahlungen aus Abgängen von Gegenständen des Sachanlagevermögens
-	Auszahlungen für Investitionen in das Sachanlagevermögen
+	Einzahlungen aus Abgängen von Gegenständen des Finanzanlagevermögens
-	Auszahlungen für Investitionen in das Finanzanlagevermögen
+/-	Ein-/Auszahlungen aus Ab-/Zugängen aus dem Konsolidierungskreis
+	Einzahlungen auf Grund von Finanzmittelanlagen im Rahmen der kurzfristigen Finanzdispositionen
-	Auszahlungen auf Grund von Finanzmittelanlagen im Rahmen der kurzfristigen Finanzdispositionen
+	Einzahlungen aus außerordentlichen Posten
-	Auszahlungen aus außerordentlichen Posten
+	Erhaltene Zinsen
+	Erhaltene Dividenden
=	**Cashflow aus Investitionstätigkeit**

Abbildung III.7: Cashflow aus der Investitionstätigkeit gemäß DRS 21[194]

---

191 Vgl. DRS 21.Zusammenfassung, S. 3 und DRS 21.9; vgl. DRS 2.Zusammenfassung, S. 5 und DRS 2.30 f.; so dürfen insbesondere Zahlungen aus der Veräußerung von konsolidierten Unternehmen oder sonstigen Geschäftseinheiten nicht mit denen aus dem Erwerb im Konzernabschluss saldiert werden. Da themenbezogen aber nicht der Konzern-, sondern der Jahresabschluss diskutiert werden soll, ist dieser Aspekt nicht weiter zu vertiefen, Deshalb auch nicht in den folgenden Abbildungen Abb. III.7- III.9; vgl. zur Themenabgrenzung Kapitel I.

192 Vgl. DRS 21.42 und DRS 2.29.

193 Vgl. DRS 21.46; diese Mindestgliederung kann branchen- und unternehmensspezifisch variieren.

194 In Anlehnung an DRS 21.46 bzw. an das Mindestgliederungsschema I („Direkte Methode") bzw. Mindestgliederungsschema II („Indirekte Methode"), in: BMJV (2014), Anlage 1 Tabelle 5 oder Tabelle 6: In beiden Fällen wird der Cashflow nach der direkten Methode ausgewiesen; zur Übersicht der gesamten KFR vgl. Anhang Abb. A1.

Analog DRS 2 werden Zahlungsströme nach Investitionen und Desinvestitionen in das immaterielle Anlagevermögen, das Sachanlage- und Finanzanlagevermögen, in Unternehmen aus dem Konsolidierungskreis,[195] sowie in Finanzmittelanlagen im Rahmen der kurzfristigen Finanzdisposition aufgegliedert. Auch wenn sich die Reihenfolge in der Betrachtung von Cashflows aus den Veränderungen des Sachanlagevermögens und den immateriellen Vermögensgegenständen im Vergleich zur Mindestgliederung des DRS 2.32 ohne nennenswerte Begründung des DRSC geändert hat, ist die strukturelle Aufteilung im Investitionsbereich soweit grundsätzlich geblieben (Abb. III.8):

Cashflow aus der Investitionstätigkeit:

	Einzahlungen aus Abgängen von Gegenständen des Sachanlagevermögens
-	Auszahlungen für Investitionen in das Sachanlagevermögen
+	Einzahlungen aus Abgängen von Gegenständen des immateriellen Anlagevermögens
-	Auszahlungen für Investitionen in das immaterielle Anlagevermögen
+	Einzahlungen aus Abgängen von Gegenständen des Finanzanlagevermögens
-	Auszahlungen für Investitionen in das Finanzanlagevermögen
+	Einzahlungen aus dem Verkauf von konsolidierten Unternehmen und sonstigen Geschäftseinheiten
-	Auszahlungen aus dem Erwerb konsolidierter Unternehmen und sonstiger Geschäftseinheiten
+	Einzahlungen auf Grund von Finanzmittelanlagen im Rahmen der kurzfristigen Finanzdisposition
-	Auszahlungen auf Grund von Finanzmittelanlagen im Rahmen der kurzfristigen Finanzdisposition
=	**Cashflow aus der Investitionstätigkeit**

Abbildung III.8: Cashflow aus der Investitionstätigkeit gemäß DRS 2[196]

So sind im Investitionsbereich Einzahlungen aus dem Abgang und Auszahlungen für Investitionen, wie für den Erwerb von Grundbesitz oder von Maschinen, neben anderen langfristigen Vermögensgegenständen zu erfassen. Vom Investitionsbereich sind Zahlungsströme in das Vorratsvermögen abzugrenzen, da sie zum operativen Be-

195 Betroffen sind Zahlungen aus der Veränderung des Konsolidierungskreises. Darunter sind nicht nur die Zahlungen aus dem vereinbarten Kaufpreis zu beachten, sondern auch die erworbenen bzw. veräußerten Finanzmittelbestände der Unternehmen, soweit sich die Beteiligungsquote verändert hat. Der Hinweis aus DRS 2.44 entfällt nach DRS 21. Ergänzende Angaben zu diesen Zahlungsströmen wie in DRS 2.56e) wurden in DRS 21 gestrichen, vgl. zu den ergänzenden Angaben Kapitel III.C. und zur thematischen Abgrenzung von konzernspezifischen Themen Kapitel I.

196 In Anlehnung an DRS 2.32 bzw. an das Gliederungsschema I („Direkte Methode") oder an das Gliederungsschema II („Indirekte Methode"), in: DRSC e.V. (Hrsg.) (2009), Anlage Tabelle 5 oder Tabelle 6: In beiden Fällen wird der Cashflow nach der direkten Methode ausgewiesen; zur Übersicht des direkten Ausweises von Cashflows aus der Investitionstätigkeit vgl. Abb. II.2 im Kapitel II.D.2; zur Übersicht der gesamten KFR vgl. Anhang Abb. A2.

reich gehören.[197] Es dürfen nur Auszahlungen von Vermögensgegenständen berücksichtigt werden, die entweder in der Bilanz aktiviert sind oder zu einer Wertänderung führen. Zur Investitionstätigkeit zählen ebenfalls Zahlungsströme, z.B. in Verbindung mit dem Verkauf und Erwerb von Ausleihungen, Anteilen und sonstigen Kapitalmarktpapieren anderer Unternehmen, die dem Finanzanlagevermögen zuzurechnen sind. Der Ausweis der Aus- und Einzahlungen für Gegenstände des immateriellen Anlagevermögens sowie des Finanzanlagevermögens erhöht die Aussagekraft und Informationsqualität der KFR. Verursacht die Beschaffung und Veräußerung von Anlagevermögen oder von nicht dem operativen Bereich zuzurechnendem Umlaufvermögen keine Zahlungsströme (z.B. Tausch, Sacheinlagen, Finanzierungsleasing), sind diese folgerichtig nicht in der KFR zu erfassen, sondern zu eliminieren. Lediglich für die wesentlichen unbaren Investitionstransaktionen sind ergänzende Angaben vorzunehmen.[198] Ein- und Auszahlungen auf Grund von Finanzmittelanlagen im Rahmen der kurzfristigen Finanzdisposition beziehen sich auf Wertpapiere des Umlaufvermögens, die nicht in den Finanzmittelfonds einbezogen werden dürfen oder zu Handelszwecken gehalten werden.[199]

Darüber hinaus lassen sich **abweichend vom DRS 2** Buchwerterhöhungen neben den Auszahlungen zur Vermeidung von Buchwertminderungen, Auszahlungen für aktivierte Entwicklungskosten bzw. andere Eigenleistungen, das Deckungsvermögen, erhaltene Zinsen und Dividenden, Ertragssteuerzahlungen sowie Zahlungsströme aus außerordentlichen Posten nach DRS 21 explizit oder implizit darstellen.[200]

So stellt DRS 21.B6 klar, dass Auszahlungen der Investitionstätigkeit zuzuordnen sind, soweit sie zu einem in der Bilanz angesetzten Vermögensgegenstand gehören oder zu dessen **Buchwerterhöhung** führen. Ebenso sind Einzahlungen aus Abgängen von Vermögensgegenständen und Auszahlungen zur Vermeidung von Buchwertminderungen der Investitionstätigkeit zuzurechnen. Damit wird deutlich, dass dem Cashflow aus der Investitionstätigkeit nicht nur Auszahlungen zuzuführen sind,

---

197 Vgl. DRS 21.46 und DRS 2.32; im Folgenden in Anlehnung an Lühn, M. (2014), in: AdN Nr. 2014-02, S. 11 ff.: Kritisch wird angemerkt, dass es offen sei, wie Auszahlungen für Investitionen in das Anlagevermögen nach der Neuregelung zu ermitteln seien; vgl. im Folgenden auch Coenenberg, A.G./Haller, A./Schultze, W. (2009), S. 830 ff.

198 Vgl. DRS 21.29 und 21.52c) sowie DRS 2.49a) und DRS 2.52d); vgl. im Einzelnen zu den ergänzenden Angaben Kapitel III.D.

199 Es handelt sich insbesondere um keine Zahlungsmitteläquivalente im Sinne des DRS 21.9 und DRS 2.6.

200 Vgl. zum expliziten Ausweis die rot beschrifteten Posten in Abb. III.7.

die zum erstmaligen Ansatz eines Vermögensgegenstands des Anlagevermögens führen, sondern auch nachträgliche Anschaffungs- oder Herstellungskosten, wie nachträgliche Anschaffungskosten einer Beteiligung auf Grund des Erwerbs weiterer Anteile oder infolge der Aufwendungen für die Erweiterung oder essentielle Verbesserung einer Maschine.[201] DRS 2 hat hierzu keine Regelung.

Darüber hinaus wird im DRS 21 klargestellt, dass derartige Zahlungsströme nur der Investitionstätigkeit zugerechnet werden dürfen, wenn sie aktiviert werden.[202] Demzufolge dürfen Ein-/Auszahlungen für selbsterstellte immaterielle Vermögensgegenstände des Anlagevermögens nur dem Investitionsbereich zugeordnet werden, wenn das Unternehmen von dem Aktivierungswahlrecht nach § 248 (2) S. 1 HGB Gebrauch gemacht hat. Eine Ausnahme bilden nach DRS 21.B27 lediglich Zahlungsströme zur Vermeidung von Buchwertminderungen wie z.B. Sanierungszuschüsse für Beteiligungen, nicht aber Auszahlungen typischer Erhaltungsmaßnahmen.[203]

Hingegen ist die Erfassung von **Auszahlungen für aktivierte Entwicklungskosten bzw. andere aktivierte Eigenleistungen** nach DRS 21 davon abhängig, ob diese „Kosten“ nach § 248 (2) S. 1 HGB aktiviert worden sind oder nicht. Sind z.B. die Entwicklungskosten aktiviert worden, sind die Zahlungsströme dem Investitionsbereich zuzurechnen. Wurde vom Aktivierungswahlrecht kein Gebrauch gemacht und diese „Kosten“ als Aufwand verbucht, so sind die Zahlungen daraus im operativen Cashflow auszuweisen.[204] DRS 2 enthält dazu keine Regelung.

Des Weiteren unternimmt DRS 21 eine klarere Zuordnung von Zahlungsströmen des **Deckungsvermögens** nach § 246 (2) S. 2 HGB.[205] Dazu stellt DRS 21.45 klar, dass Auszahlungen für den Erwerb oder die Herstellung von Deckungsvermögen dem Investitionsbereich zuzurechnen sind. Das wird damit begründet, dass die Zahlungsströme des Deckungsvermögens keine Vermögensgegenstände sind, die selbst in

---

201 Vgl. Rimmelspacher, D./Reitmeier, B. (2014), in: WPg 15/2014, S. 791.
202 Vgl. Baetge, J./Kirsch, H.-J./Thiele, S. (2015), S. 516.
203 Vgl. Rimmelspacher, D./Reitmeier, B. (2014), in: WPg 15/2014, S. 791: Als Indikator für typische Erhaltungsmaßnahmen dürfte ihre regel- bzw. planmäßige Durchführung sein, wie die Wartungs- und Instandhaltungsarbeiten an einer Maschine. Es erfolgt eine Zuordnung der Zahlungsströme zu dem operativen Cashflow. Auszahlungen für buchwerterhaltende Maßnahmen für Finanzanlagen werden üblicherweise dem Cashflow aus der Finanzierungstätigkeit zugerechnet.
204 Der DRSC begründet dies damit, dass andernfalls eine gesonderte Erfassung solcher Auszahlungen nur für die KFR notwendig wäre, vgl. dazu DRS 21.B26.
205 Vgl. Baetge, J./Kirsch, H.-J./Thiele, S. (2015), S. 516.

der laufenden Geschäftstätigkeit eingesetzt werden.[206] Dass die Zahlungsströme aus den betreffenden Verpflichtungen im operativen Cashflow zu erfassen sind, ist unbeachtlich.[207] Neben den angesprochenen Auszahlungen sind auch Einzahlungen aus dem Abgang von Deckungsvermögen sowie Zinsen und Dividenden im Investitionsbereich zu erfassen, soweit diese im Zusammenhang mit dem Deckungsvermögen stehen. DRS 2 enthält dazu keine Regelung.[208] Nach DRS 21.44 gilt entsprechendes für **erhaltene Zinsen und Dividenden**, soweit es sich um Gegenstände des Finanzanlagevermögens als Deckungsvermögen handelt.[209]

So werden die erhaltenen Zinsen und Dividenden nach Überarbeitung des DRS 2 grundsätzlich dem Investitionsbereich zugerechnet, da es sich um Entgelte aus der Kapitalüberlassung und damit aus der auf der Aktiva ausgewiesene Investitionen handelt, wie z.B. ausgereichte Kredite und Beteiligungen.[210] Stehen hingegen die Zinsen in keinem Zusammenhang mit einer Kapitalüberlassung, ist zu prüfen, ob diese dem operativen Cashflow oder Cashflow aus der Finanzierungstätigkeit zuzurechnen sind.[211] Der Vollständigkeit halber sei auch erwähnt, dass **ertragssteuerbedingte Zahlungen** nur dann abweichend vom operativen Cashflow im Cashflow aus der

---

206 Vgl. DRS 21.B29 und DRS 21.B8.

207 Dies ist für Zwecke des Ausweises genauso unbeachtlich wie die Saldierungspflicht des Deckungsvermögens mit den entsprechenden Schulden nach § 246 (2) S. 2 HGB.

208 Vgl. Müller, S. (2014), in: Freidank,R./Kußmaul, H./Müller, S. (Hrsg.) (2014), S. 34: Aus der Zuordnung des angesprochenen Deckungsvermögens i.S.v. DRS 21 ergeben sich auch Implikationen für die Erfassung des operativen Cashflows nach der indirekten Methode. Das Deckungsvermögen, bewertet zum beizulegenden Zweitwert, muss bei der Bilanzaufstellung nach § 246 (2) HGB mit den Verpflichtungen aus den (Pensions-)Rückstellungen verrechnet werden. In der KFR sind die unter dem operativen Cashflow ausgewiesenen Pensionsrückstellungen dem Posten „Zu- und Abnahme ... anderer Passiva" zuzurechnen, und über eine Nebenrechnung ist der Saldo zu ermitteln. Neben der Aufzinsungsproblematik weist der Autor darauf hin, dass die Effekte aus der Investition in das Deckungsvermögen zu eliminieren sind; vgl. zum Posten „Zu- und Abnahme ... anderer Passiva" und „.... Akitva" nach der indirekten Methode Kapitel III.B.1.b).

209 Vgl. Rimmelspacher, D./Reitmeier, B. (2014), in: WPg 15/2014, S. 792: Dies gelte unabhängig davon, dass derartige Erträge nach § 246 (2) S. 2 HGB für handelsbilanzielle Zwecke mit den Aufwendungen und Erträgen aus der Auf-bzw. Abzinsung der Verpflichtungen und den Aufwendungen aus dem Deckungsvermögen zu verrechnen sind. Des Weiteren gelte dies auch losgelöst davon, ob die nach der Saldierung ggf. verbleibenden Erträge in der GuV im operativen oder Finanzergebnis ausgewiesen werden. Andernfalls würde sonst die Zielsetzung aus DRS 21.B25 nicht erreicht werden, auch die mit der Investitionstätigkeit verbundenen zahlungswirksamen Vorgänge dem Investitionsbereich zuzurechnen.

210 Vgl. DRS 21.44, DRS 21.B25 und DRS 21.B21; vgl. abweichend davon DRS 2.39: Nur in begründeten Ausnahmefällen sind erhaltene Zinsen und Dividenden dem Investitionsbereich zuzurechnen; vgl. im Einzelnen Kapitel III.B.1.b).

211 Vgl. Rimmelspacher, D./Reitmeier, B. (2014), in: WPg 15/2014, S. 793 f.: Zinsen (§ 233a AO) für Steuernachforderungen sowie Zinsen für überfällige Forderungen bzw. Verbindlichkeiten aus Lieferungen und Leistungen sind i.d.R. dem Cashflow aus der lfd. Geschäftstätigkeit zuzurechnen. Disagios sollen als Zinszahlungen gesondert im Rahmen des Cashflows aus der Investitionstätigkeit zugewiesen werden.

Investitionstätigkeit ausgewiesen werden dürfen, soweit sie dem Investitionsbereich eindeutig zuzurechnen sind.[212] Zahlungsströme i.Z.m. Sicherungsgeschäften sind nach DRS 21.18 f. dem Bereich zuzuordnen, dem die Zahlungen aus dem Grundgeschäft zugehören.[213]

Abweichend vom DRS 2 werden wesentliche Zahlungen aus **außerordentlichen Posten** im Investitionsbereich gesondert bzw. brutto ausgewiesen.[214] Es sind nur Vorgänge zu erfassen, die auch in der GuV zu einem außerordentlichen Ergebnis führen.[215] Nach **IFRS** entfallen die Angaben zu außerordentlichen Posten im Jahresabschluss und damit auch für die Darstellung von außerordentlichen Zahlungsströmen für den Investitionsbereich (Abb. III.9).[216]

Cashflow aus der Investitionstätigkeit:

	Einzahlungen aus Abgängen von Vermögenswerten des Sachanlagevermögens
-	Auszahlungen für Investitionen in das Sachanlagevermögen
+	Einzahlungen aus Abgängen von Vermögenswerten des immateriellen Anlagevermögens
-	Auszahlungen für Investitionen in das immaterielle Anlagevermögen
+	Einzahlungen aus Abgängen von Vermögenswerten des Finanzanlagevermögens
-	Auszahlungen für Investitionen in das Finanzanlagevermögen
+/-	Einzahlungen/Auszahlungen aus dem Erwerb und dem Verkauf von Tochterunternehmen und sonstigen Geschäftseinheiten
+	Erhaltene Zinsen und Dividenden
=	**Cashflow aus Investitionstätigkeit**

Abbildung III.9: Möglicher Aufbau zum Cashflow aus der Investitionstätigkeit gemäß IAS 7[217]

Ein weiterer wesentlicher **Unterschied des IAS 7 zu DRS 21** ist, dass es analog zum operativen Cashflow keine detaillierte **Mindestgliederung** gibt, sondern nur ei-

212 Grundsätzlich erfolgt ein Ausweis im operativen Cashflow. Eine Zurechnung zum Investitionsbereich gilt in der Praxis als eher unwahrscheinlich, vgl. dazu im Einzelnen Kapitel III.B.1.a) und b).

213 Vgl. DRS 21.19 f. versus DRS 2.42 und DRS 2.47; ist die Entscheidung einmal getroffen, ist nach DRS 21.23 das Stetigkeitsprinzip zu beachten und die Entscheidung grundsätzlich beizubehalten, vgl. zum Stetigkeitsgebot grundsätzlich Kapitel II.D.2 und bzgl. der Sicherungsgeschäfte im Einzelnen Kapitel III.B.1.

214 Vgl. DRS 21.28, DRS 21.B24 versus DRS 2.50; vgl. dazu im Einzelnen Kapitel III.B.1.a) und b).

215 So ist z.B. die Veräußerung von wichtigen Geschäftseinheiten zu erfassen, soweit dies nach § 277 (4) S. 1 HGB zu außerordentlichen bzw. einmaligen Erträgen oder Aufwendungen führt.

216 Vgl. IAS 1.87; vgl. dazu ausführlich Kapitel III.B.1.a) und b).

217 In Anlehnung an Pellens, B./Fülbier, R.U./Gassen, J./Sellhorn, T. (2011), S. 195: Die Grafik wurde um die erhaltenen Zinsen und Dividenden ergänzt. Alternativ können die erhaltenen Zinsen und Dividenden im Cashflow aus der betrieblichen Tätigkeit ausgewiesen werden, vgl. dazu Keitz, I.v./Grote, R./Hansmann, M. (2015), S. 58; vgl. auch im Anhang Abb. A3.

ne Empfehlung.[218] So können vereinfachend unter Investitionstätigkeiten eines Unternehmens der Erwerb und die Veräußerung langfristig gehaltener Vermögenswerte, Zahlungen aus dem Erwerb bzw. Verkauf insbesondere von Tochterunternehmen sowie erhaltene Zinsen und Dividenden verstanden werden, die nach der direkten Methode als Bruttozahlungen separat ausgewiesen werden.[219]

Ertragssteuerzahlungen sowie **erhaltene Zinsen bzw. Dividenden** können abweichend vom DRS 21 nach IAS 7.31 ff. grundsätzlich verschiedenen Tätigkeitsbereichen zugerechnet werden. Lediglich für Kreditinstitute wird der Ausweis von erhaltenen Zinsen und Dividenden nach IAS 7.33 zu Gunsten des operativen Cashflows empfohlen. Jedoch steht die Vorschrift des DRS 21 nicht im Widerspruch zum IAS 7, da in der Bilanzierungspraxis deutscher Unternehmen die Zuordnung erhaltener Zinsen und Dividenden eher ungewöhnlich ist.[220] Auch Ertragssteuerzahlungen sind nach IAS 7.35 f. analog DRS 21.18 f. nur in begründeten Ausnahmefällen dem Investitionsbereich zuzurechnen bzw. alternativ auf die verschiedenen betroffenen Tätigkeitsbereiche aufzuteilen.[221] Zahlungen aus Sicherungsgeschäften sind nach dem IAS 7.16 grundsätzlich dem Grundgeschäft und damit wahl-/ausnahmsweise auch dem Investitionsbereich zurechenbar.[222] Die Zuordnung der Ertragssteuerzahlungen entspricht dem DRS 21.18 f.[223]

Ebenso stimmt das nach DRS 21.9 zur Abgrenzung des Cashflows verwendete Kriterium der Buchwertänderung des Vermögens in der Bilanz, also der **Buchwerterhöhungen bzw. Auszahlungen zur Vermeidung von Buchwertminderungen**, mit IAS 7.16 überein, auch wenn die Regelung nicht unumstritten ist.[224] **Auszahlungen für aktivierte Entwicklungskosten bzw. andere aktivierte Eigenleistungen** nach

---

218 Vgl. Kapitel III.B.1.a) und b).

219 Vgl. zur Bruttomethode IAS 7.23; zur Investitionstätigkeit zählen auch der Erwerb und Verkauf von Tochterunternehmen sowie sonstigen Geschäftseinheiten nach IAS 7.37 ff. Hierbei handelt es sich aber um Sachverhalte, die insbesondere den Konzernabschluss und nicht den Jahresabschluss betreffen und demzufolge bei gegebener Themenstellung im Folgenden nicht weiter diskutiert werden sollen, vgl. zur Themenabgrenzung Kapitel I und Fußnote 191.

220 Vgl. Lühn, M. (2014), in: AdN Nr. 2014-02, S. 22.

221 Vgl. Baetge, J./Kirsch, H.-J./Thiele, S. (2015), S. 523 f.; vgl. im Einzelnen auch Kapitel III.B.1.a) und b) insbesondere zu den Ertragssteuern sowie zu der Behandlung von Sicherungsgeschäften nach IFRS versus DRS 21.

222 In Anlehnung an Heuser, P.J./Theile, C. (Hrsg.) (2012) zu IAS 7 Tz. 7753.

223 Vgl. Kirsch, H. (2014), in: IRZ 7-8/2014, S. 273.

224 Vgl. Lühn, M. (2014), in: AdN Nr. 2014-02, S. 22: Hinsichtlich der Beschränkung des DRS 21.9, Auszahlungen für Investitionen in das Anlagevermögen nur ausweisen zu dürfen, soweit sie in der Bilanz als Vermögensgegenstände angesetzt werden oder zu Wertänderungen führen, ist eine Annäherung an IFRS gemäß IAS 7.16 S.2 zu attestieren.

IAS 7.16a) sind analog zur Neuregelung des DRS 21 dem Investitionsbereich zuzurechnen; hingegen sind Ein- und Auszahlungen aus der **kurzfristigen Finanzdisposition** nach IAS 7.15 grundsätzlich nicht im Investitionsbereich, sondern im betrieblichen Cashflow zu erfassen.[225] Auch wenn es zum **Deckungsvermögen** keine explizite IFRS-Regelung gibt, dürfte es abhängig von der Ausgestaltung der Rückstellung nach IAS 19 eine dem DRS 21 vergleichbare Auswirkung auf den operativen Cashflow geben, soweit dieser ausnahmsweise nach der indirekten Methode ermittelt wird. Nach Literaturmeinung ist insgesamt eine weitestgehende Übereinstimmung zwischen DRS 21 und IAS 7 festzustellen.[226]

Zusammenfassend ist festzuhalten, dass der DRS 21 im Vergleich zum DRS 2 in Bezug auf Auszahlungen für aktivierte Entwicklungskosten sowie andere aktivierte Eigenleistungen und bezüglich der Buchwerterhöhung bzw. Auszahlungen zur Vermeidung von Buchwertminderungen Neuregelungen formuliert hat, die eine sehr hohe Konformität zu IAS 7 aufweisen. Das gilt auch für den Ausweis von Ertragssteuerzahlungen und Sicherungsgeschäften. Des Weiteren steht auch die neue Zuordnung von erhaltenen Zinsen und Dividenden zur Investitionstätigkeit nach DRS 21 in keinem Widerspruch zum IAS 7, da sich IFRS zum einen in der Zuweisung auf keinen bestimmten Aktivitätsbereich festlegt und zum anderen die Zurechnung zum Investitionsbereich in der Bilanzierungspraxis deutscher Unternehmen eher unüblich ist. Dennoch lässt sich eine vollständige Kompatibilität alleine wegen der in IAS 7 fehlenden Regelung zu Zahlungen aus außerordentlichen Posten, zum Deckungsvermögen und in Folge einer fehlenden Mindestgliederung nicht gewährleisten. Im nächsten Abschnitt werden die Neuerungen des DRS 21 in Abgrenzung zum DRS 2 für den Cashflow aus der Finanzierungsstätigkeit erarbeitet. Auch hier wird untersucht, ob bzw. inwieweit diese Neuregelungen zu einer Annäherung an den IAS 7 führen.

3. Cashflow aus der Finanzierungstätigkeit

Im Wesentlichen umfasst der **Cashflow aus der Finanzierungstätigkeit** alle Zahlungsströme mit externen Kapitalgebern, die sich auf den Umfang und die Zusam-

225 Vgl. im Einzelnen Kapitel III.B.1.b).

226 Vgl. Lühn, M. (2014), in: AdN Nr. 2014-02, S. 22; vgl. zu den ergänzenden Angaben im Einzelnen Kapitel III.D.

mensetzung der Eigenkapitalposten und Finanzschulden des Unternehmens auswirken.[227] Er ist auch nach der Neuregelung ausschließlich **direkt** darzustellen.[228]

Dazu sieht die Neuregelung des DRS 21 eine Mindestgliederung vor, die sich zum einen materiell wesentlich geändert hat,[229] zum anderen unternehmens- und branchenspezifisch variieren kann (Abb. III.10). **Analog DRS 2** sind nur die Zahlungsströme im Rahmen der Beschaffung und Tilgung von Finanzschulden brutto auszuweisen (Abb. III.11).[230] Dies umfasst alle Ein- und Auszahlungen, die i.Z.m. der Entstehung und Auflösung aller Schuldposten nach § 266 (3) lit.C. HGB stehen, soweit diese nicht den Zuflüssen aus der lfd. Geschäftstätigkeit zugeordnet worden sind (Finanzverbindlichkeiten). Hierzu gehören auch gezahlte Zinsen.[231]

Cashflow aus der Finanzierungstätigkeit:

	Einzahlungen aus Eigenkapitalzuführungen von Gesellschaftern des Mutterunternehmens
+	Einzahlungen aus Eigenkapitalzuführungen von anderen Gesellschaftern
-	Auszahlungen aus Eigenkapitalherabsetzungen an Gesellschafter des Mutterunternehmens
-	Auszahlungen aus Eigenkapitalherabsetzungen an die anderen Gesellschafter
+	Einzahlungen aus der Begebung von Anleihen und der Aufnahme von (Finanz-)Krediten
-	Auszahlungen aus der Tilgung von Anleihen und (Finanz-)Krediten
+	Einzahlungen aus erhaltenen Zuschüssen/Zuwendungen
+	Einzahlungen aus außerordentlichen Posten
-	Auszahlungen aus außerordentlichen Posten
-	Gezahlte Zinsen
-	Gezahlte Dividenden an Gesellschafter des Mutterunternehmens
-	Gezahlte Dividenden an andere Gesellschafter
=	**Cashflow aus der Finanzierungstätigkeit**

Abbildung III.10: Cashflow aus der Finanzierungstätigkeit gemäß DRS 21[232]

227 Vgl. DRS 21.B30, DRS 21.9 und DRS 2.6.

228 Vgl. DRS 21.47; nach DRS 2.33 ist der Ausweis ebenfalls unsaldiert vorzunehmen. Nur in bestimmten Ausnahmefällen ist der Nettoausweis zulässig, vgl. dazu Coenenberg, A.G./Haller, A./Schultze, W. (2009), S. 830.

229 Vgl. Rimmelspacher, D./Reitmeier, B. (2014), in: WPg 15/2014, S. 794; als Beleg vgl. die rot beschrifteten Posten in der folgenden Abb. III.10.

230 Vgl. DRS 21.46 und DRS 2.34.

231 Vgl. DRS 21.48.

232 In Anlehnung an DRS 21.50 bzw. an das Mindestgliederungsschema I („Direkte Methode“) oder Mindestgliederungsschema II („Indirekte Methode“), in: BMJV (2014), Anlage 1 Tabelle 5 oder Tabelle 6: In beiden Fällen wird der Cashflow nach der direkten Methode ausgewiesen; zur Übersicht des direkten Ausweises von Cashflows aus der Finanzierungstätigkeit vgl. Abb. II.2 im Kapitel II.D.2; zur Übersicht der gesamten KFR vgl. Anhang Abb. A1.

Abweichend vom DRS 2 sind **gezahlte Zinsen** im Finanzierungsbereich auszuweisen, soweit es Zinsen für die Kapitalüberlassung sind.[233] Hingegen dürfen nach DRS 2.39 gezahlte Zinsen dem Cashflow aus der Finanzierungstätigkeit nur zugerechnet werden, soweit dies sachlich begründet ist.[234] **Ertragssteuerzahlungen** sind dem Investitionsbereich zuzurechnen, soweit die Steuerzahlung (bzw. -nichtzahlung) einem Sachverhalt eindeutig zugeordnet werden kann.[235] Zahlungsströme i.Z.m. Sicherungsgeschäften sind nach DRS 21.18 f. dem Bereich zuzurechnen, dem die Zahlungen aus dem Grundgeschäft zugehören.[236] Einzahlungen aus den Eigenkapitalzuführungen von anderen Gesellschaftern und Auszahlungen an andere Gesellschafter z.B. in Form von Dividenden, Eigenkapitalrückzahlungen und sonstiger Ausschüttungen sind brutto und damit gesondert auszuweisen.[237]

Cashflow aus der Finanzierungstätigkeit:

	Einzahlungen aus Eigenkapitalzuführungen (Kapitalerhöhung, Verkauf eigener Anteile etc.)
-	Auszahlungen an Unternehmenseigener und Minderheitengesellschafter (Dividende, Erwerb eigener Anteile, Eigenkapitalrückzahlungen, andere Ausschüttungen)
+	Einzahlungen aus der Begebung von Anleihen und der Aufnahme von (Finanz-)Krediten
-	Auszahlungen aus der Tilgung von Anleihen und (Finanz-)Krediten
=	**Cashflow aus der Finanzierungstätigkeit**

Abbildung III.11: Cashflow aus der Finanzierungstätigkeit gemäß DRS 22[38]

Abweichend davon spricht DRS 2.51 nur die Empfehlung aus, **Einzahlungen aus Eigenkapitalzuführungen und Auszahlungen i.Z.m. anderen** (Minderheits-)**Gesellschaftern** gesondert auszuweisen oder im Anhang darzustellen.[239] Demnach be-

233 Vgl. Lühn, M. (2014), in: AdN Nr. 2014-02, S. 14; vgl. auch DRS 21.9 i.V.m. 21.48.

234 Nach DRS 2.36 sind gezahlte Zinsen grundsätzlich dem operativen Cashflow zuzurechnen, vgl. dazu im Einzelnen Kapitel III.B.1.b).

235 Vgl. DRS 21.19 und DRS 2.42; vgl. zu den Ertragssteuern auch Kapitel III.B.1.a) u. b) sowie III.B.2.

236 Vgl. DRS 21.20 versus DRS 2.47; grundsätzlich erfolgt ein Ausweis im operativen Cashflow. Eine Zurechnung zum Finanzierungs- oder Investitionsbereich gilt in der Praxis als eher unwahrscheinlich. Ist die Entscheidung einmal getroffen, ist nach DRS 21.23 bzw. DRS 2.10 das Stetigkeitsprinzip zu beachten und die Entscheidung grundsätzlich beizubehalten, vgl. dazu im Einzelnen Kapitel III.B.1.a) und b) bzw. grundlegend Kapitel II.D.2.

237 Vgl. Müller, S. (2014a), in: BBK 9/2014, S. 445; im Jahresabschluss wird abweichend vom Konzernabschluss zu prüfen sein, inwieweit diese Neuerungen von Bedeutung sind; vgl. zur Themenabgrenzung Kapitel I.

238 In Anlehnung an DRS 2.35 bzw. an das Gliederungsschema I („Direkte Methode") oder an das Gliederungsschema II („Indirekte Methode"), in: DRSC e.V. (Hrsg.) (2009), Anlage Tabelle 5 oder Tabelle 6: In beiden Fällen wird der Cashflow nach der direkten Methode ausgewiesen; zur Übersicht des direkten Ausweises von Cashflows aus der Finanzierungstätigkeit vgl. Abb. II.2 im Kapitel II.D.2; zur Übersicht der gesamten KFR vgl. Anhang Abb. A2.

239 Vgl. zu den ergänzenden Angaben Kapitel III.D.

steht der Unterschied zum DRS 2 darin, dass DRS 21 zum einen in der Mindestgliederung den Ausweis anderer Gesellschafter alternativlos unsaldiert vorgibt,[240] zum anderen dadurch eine differenzierte Zuordnung dieser **Gesellschafter**, abgegrenzt von den Gesellschaftern **des Mutterunternehmens,** fest vornimmt.[241] Zu den Einzahlungen aus Eigenkapitalrückzahlungen von den Gesellschaftern des Mutterunternehmens gehören u.a. zahlungswirksame Erhöhungen des gezeichneten Kapitals und der Kapitalrücklagen sowie die Einzahlungen aus Zu- und Nachschüssen dieser Gesellschafter.[242]

Folgerichtig sind auch **gezahlte Dividenden** an Gesellschafter des Mutterunternehmens und an andere Gesellschafter getrennt voneinander auszuweisen.[243] Darüber hinaus sind **Einzahlungen aus erhaltenen Zuschüssen/Zuwendungen** im Aktivitätsbereich der Finanzierungstätigkeit nach DRS 21.49 zu berücksichtigen, auch wenn die Frage unbeantwortet bleibt, wie weit dieser Anwendungsbereich auszulegen ist. In der Literatur wird eine weite Auslegung unabhängig von der Bezeichnung, dem Zuwendungsgeber, dem Bezuschussungsgegenstand oder der handelsbilanziellen Behandlung von Zuschüssen präferiert, da Zuschüsse bzw. Zuwendungen (Oberbegriff) eine Finanzierungsform für Unternehmen sind.[244] Gesellschafterzuwendungen wie Barzuzahlungen in die Kapitalrücklagen i.S.v. § 272 (2) Nr. 4 HGB oder Ertragszuschüsse sind genauso wie Zuwendungen mit bedingten Rückzahlungsklauseln im Fall einer Rückzahlung dem Cashflow aus der Finanzierungstätigkeit zuzurechnen.[245] Die Zurechnung von Auszahlungen für gewährte Zuwendungen regelt

240 Vgl. DRS 21.51 versus DRS 2.51.

241 Vgl. Kirsch, H. (2014), in: IRZ 7-8/2014, S. 273.

242 Vgl. zum Ausweis der zahlungswirksamen Erhöhungen des gezeichneten Kapitals und der Kapitalrücklagen auf der Bilanzpassiva § 266 (3) lit.A.I. und II. HGB.

243 Vgl. nach DRS 21.48 i.V.m. DRS 21.51 u. DRS 21.B30: Gezahlte Dividenden und Zinsen sind als Entgelte für die Kapitalüberlassung zu verstehen und demzufolge auch im Cashflow aus der Finanzierungstätigkeit auszuweisen; abweichend davon DRS 2.37 i.V.m. 35 und DRS 2.51.

244 Vgl. Rimmelspacher, D./Reitmeier, B. (2014), in: WPg 15/2014, S. 792: Der Begriff „Zuwendung" gilt als Oberbegriff für den Begriff „Zuschüsse".

245 Gesellschafterzuwendungen oder Ertragszuschüsse sind aber nach DRS 21.50 den Einzahlungen aus Eigenkapitalzuführungen von Gesellschaftern zuzurechnen, soweit kein gesonderter Ausweis nach DRS 21.27 unter Wesentlichkeitsaspekten notwendig ist.

der DRS 21 grundsätzlich nicht.[246] DRS 2 enthält weder zu den Einzahlungen aus erhaltenen noch zu den Auszahlungen aus gewährten Zuwendungen eine Regelung.[247]

Ein weiterer, wenn auch aktivitätsbereichsübergreifender Unterschied zum DRS 2 betrifft den Ausweis wesentlicher Zahlungsströme aus evtl. **außerordentlichen Posten**.[248] Nach DRS 21.28 sind diese brutto auszuweisen und dem jeweiligen Tätigkeitsbereich und damit auch dem Cashflow aus der Finanzierungstätigkeit zuzurechnen, soweit dies sachgerecht ist.[249] Analog zu den anderen beiden Aktivitätsformaten entfallen nach **IFRS** Angaben zu außerordentlichen Posten, da im Gegensatz zu DRS 21.28 und DRS 2.50 nach IAS 1.87 im Jahresabschluss und damit auch im Anhang[250] der Ausweis außerordentlicher Posten und somit auch die Darstellung von außerordentlichen Zahlungsströmen in der KFR untersagt ist. Ein weiterer wesentlicher **Unterschied des IAS 7 zu DRS 21** ist, dass es analog zum operativen Cashflow und zum Investitionsbereich keine detaillierte **Mindestgliederung** gibt, sondern nur eine Empfehlung, die wie folgt untergliedert werden kann (Abb. III.12).[251]

[246] Abweichend davon werden buchwerterhaltende oder -steigernde (Gesellschafter-)Zuwendungen an Beteiligungsunternehmen dem Investitionsbereich zugeordnet, vgl. dazu DRS 21.9. Abhängig davon, ob der bezuschusste Vermögensgegenstand der Investitionstätigkeit des Zuwendungsgebers, oder durch den Zuschuss ein der Investitionstätigkeit zuzurechnender Vermögensgegenstand entsteht, sind weitere Auszahlungen für gewährte Zuwendungen diesem Cashflow zuzuordnen, vgl. dazu Rimmelspacher, D./Reitmeier, B. (2014), in: WPg 15/2014, S. 792 f.

[247] Vgl. zu den Einzahlungen aus erhaltenen Zuwendungen Andresen, R. (2015), in: DB 22/2015, S. 1236.

[248] Vgl. zum Ausweis in den anderen beiden Tätigkeitsbereichen im Einzelnen insbesondere Kapitel III.B.1a) und b) sowie Kapitel III.B.2; insgesamt handelt es sich somit um ein aktivitätsübergreifendes Ausweisproblem.

[249] Vgl. Kirsch, H. (2014), in: IRZ 7-8/2014, S. 273: Bislang konnte implizit und grundsätzlich von einem Ausweis unter dem operativen Cashflow ausgegangen werden.

[250] Vgl. zu den ergänzenden Angaben Kapitel III.D.

[251] Vgl. dazu insbesondere die Kapitel III.B.1.a) und b) sowie Kapitel III.B.2. Demnach handelt es sich hierbei auch um ein aktivitätsübergreifendes Thema, was bereits bei der Abgrenzungsproblematik des Finanzmittelfonds beginnt, vgl. zu Letzterem Kapitel III.A.

Cashflow aus der Finanzierungstätigkeit:

	Einzahlungen aus Eigenkapitalzuführungen
-	Auszahlungen an die Eigenkapitalgeber (Dividendenzahlung)
+	Einzahlungen aus der Begebung von Anleihen und der Aufnahme von Krediten (Zinszahlung)
-	Auszahlungen aus der Tilgung von Anleihen und Krediten
=	**Cashflow aus der Finanzierungstätigkeit**

Abbildung III.12: Möglicher Aufbau zum Cashflow aus der Finanzierungstätigkeit gemäß IAS 7[252]

So können im Finanzierungsbereich grundsätzlich ebenfalls Bruttozahlungen aus Transaktionen mit Eigen- und Fremdkapitelgebern ausgewiesen werden. Dieser Ausweis von Zahlungsströmen aus Kapitalaufnahmen oder -rückzahlungen sind für die Einschätzung künftiger Ansprüche der Kapitalgeber gegenüber dem Unternehmen zweckdienlich.[253] IAS 7.17 erläutert dazu die Abgrenzung der Finanzierungstätigkeit mit einer Aufzählung von Beispielen, die zwar nahezu übereinstimmend mit der Mindestgliederung des DRS 2 zu sein scheint,[254] aber z.B. keine Differenzierung der Kapitalgeber zwischen Gesellschaftern des Mutterunternehmens und anderen Gesellschaftern i.S.v. DRS 21 vornimmt.[255]

Des Weiteren sind neben einer solchen fehlenden (Mindest-)Gliederung und den nicht ausgewiesenen außerordentlichen Posten **abweichend vom DRS 21** weitere Anpassungen notwendig.[256] So sind die **Einzahlungen aus erhaltenen Zuschüssen/Zuwendungen** in IAS 7 nicht verbindlich geregelt. Ohnehin wird aus betriebswirtschaftlicher Sicht eine Zurechnung zum Investitionsbereich eher bevorzugt.[257] Des Weiteren dürfen **gezahlte Zinsen und Dividenden** nach IAS 7.31 ff. wahlweise dem Finanzierungsbereich zugerechnet werden, soweit dies sachlich begründet ist. Lediglich für gezahlte Zinsen spricht sich der Standardsetzer bei einem Kreditinstitut für eine grundsätzliche Regelung zu Gunsten eines Ausweises im operativen Cash-

252 In Anlehnung an Pellens, B./Fülbier, R.U./Gassen, J./Sellhorn, T. (2011), S. 196: Die Grafik wurde um die Dividenden- und Zinszahlung ergänzt. Alternativ können die Zahlungen im Cashflow aus der betrieblichen Tätigkeit ausgewiesen werden, vgl. dazu Keitz, I.v./Grote, R./Hansmann, M. (2015), S. 58; vgl. dazu auch im Anhang Abb. A3; des Weiteren besteht auch für Ertragssteuerzahlungen ein Ausweiswahlrecht nach IAS 7.35 zu Gunsten des betrieblichen Cashflows.

253 Vgl. IAS 7.17 i.V.m. 7.21 versus DRS 21.51 i.V.m. 21.47.

254 Vgl. Coenenberg, A.G./Haller, A./Schultze, W. (2009), S. 843.

255 Hierbei handelt es sich um eine konzernspezifische Problemstellung, die nicht vertiefend diskutiert wird, vgl. zur thematischen Abgrenzung Kapitel I.

256 Vgl. auch im Folgenden Eiselt, A./Müller, S. (2014), S. 49 f.

257 Vgl. Sonnabend, M./Raab, H. (2008), S. 98.

flow aus. Dies gilt nicht für gezahlte Dividenden.[258] **Ertragssteuerzahlungen** sind dem entgegen grundsätzlich als Zahlungen aus der betrieblichen Tätigkeit zu beurteilen und nach IAS 7.35 auszuweisen. Sollten Steuerzahlungen jedoch gewissen Finanzierungstätigkeiten zugerechnet werden können, ist alternativ eine Aufteilung des Gesamtbetrags auf die jeweiligen Tätigkeitsbereiche erlaubt.[259] Diese Regelung entspricht damit DRS 21.18 f.[260] Ein- und Auszahlungen aus Sicherungsgeschäften sind nach IAS 7.16 grundsätzlich dem Grundgeschäft und damit regelmäßig dem operativen Cashflow zuzuordnen.[261] Das ist ebenfalls mit DRS 21 vergleichbar.

Zusammenfassend ist festzustellen, dass die meisten materiellen Änderungen des DRS 21 im Vergleich zum DRS 2 im Cashflow aus der Finanzierungstätigkeit erfolgt sind und demzufolge in vielen Bereichen, wie dem gesonderten Ausweis von Gesellschaftern, den Einzahlungen aus erwarteten Zuschüssen/Zuwendungen, den gezahlten Zinsen und Dividenden, nicht deckungsgleich sind. Es wird die Praxis (dauerhaft) zeigen müssen, ob im Finanzierungsbereich die Neuregelungen weiterhin kompatibel mit IAS 7 ausgelegt werden können.[262] Im nächsten Abschnitt werden die Neuregelungen des DRS 21 im Vergleich zum DRS 2 auch vor dem Hintergrund der Kompatibilität zum IAS 7 diskutiert.

C. Fondsveränderungsrechnung

Auch wenn die Namensgebung in der Literatur nicht einheitlich ist,[263] erfasst die Fondsveränderungsrechnung den Abschluss der KFR, die sich grundsätzlich in vereinfachter Form wie folgt darstellen lässt (Abb. III.13).

---

258 Vgl. IAS 7.33 f.

259 Vgl. Baetge, J./Kirsch, H.-J./Thiele, S. (2015), S. 523; zur Problematik der Zuordnungsbedeutung in der Praxis vgl. die Diskussion insbesondere im Kapitel III.B.1.a) u. b) sowie Kapitel III.2.

260 Vgl. Kirsch, H. (2014), in: IRZ 7-8/2014, S. 273.

261 Das ist z.B. bei Zahlungen für die Absicherung von Umsatzeinzahlungen der Fall, vgl. dazu Heuser, P.J./Theile, C. (Hrsg.) (2012) zu IAS 7 Tz. 7753; siehe dazu DRS 21.20 im Vergleich; zum Ausweis von Sicherungsgeschäften in den anderen beiden Tätigkeitsbereichen vgl. Kapitel III.B.1.a) u. b) sowie Kapitel III.2.

262 Vgl. dazu im Einzelnen Kapitel III.E und Kapitel IV; zu den ergänzenden Angaben vgl. ausführlich Kapitel III.D.

263 In der Literatur wird der Name nicht einheitlich vergeben, vgl. u.a. Baetge, J./Kirsch, H.-J./Thiele, S. (2015), S. 518: Die Autoren benutzen den Namen „Fondsänderungsnachweis"; abweichend davon wird der Name „Fondsänderungsrechnung" gewählt, vgl. Lühn, M. (2014), in: AdN Nr. 2014-02, S. 15 f; abweichend davon der Name „Fondsveränderungsrechnung" nach Müller, S. (2014), in: Freidank,R./Kußmaul, H./Müller, S. (Hrsg.) (2014), S. 36 f.; vgl. auch Eiselt, A./Müller, S. (2014), S. 50; abweichend davon der Name „Wertänderungen des Fondsbestandes", vgl. dazu Coenenberg, A.G./Haller, A./Schultze, W. (2009), S. 822 f.

Fondsveränderungsrechnung:

	Zahlungswirksame Veränderung des Finanzmittelfonds (Summe der Cashflows der einzelnen Tätigkeitsbereiche)
+/-	Wechselkurs-, bewertungs- und konsolidierungsbedingte Änderungen des Finanzmittelfonds
+	Finanzmittelfonds am Anfang der Periode
=	**Finanzmittelfonds am Ende der Periode**

Abbildung III.13: Vereinfachte Fondsveränderungsrechnung[264]

Dazu werden **nach DRS 2** die zahlungswirksamen Veränderungen des Zahlungsmittelfonds, also die Summe der Cashflows aus der lfd. Geschäftstätigkeit und aus der Investitions- und Finanzierungstätigkeit,[265] um den Saldo aus zahlungsunwirksamen wechselkurs-, bewertungs- und konsolidierungsbedingten Änderungen des Finanzmittelfonds korrigiert und mit dem Anfangsbestand des Finanzmittelfonds zusammengerechnet, sodass sich daraus der Finanzmittelfonds am Ende der Periode ergibt.[266] Ein saldierter Ausweis zahlungsunwirksamer Änderungen ist jedoch nur erlaubt, wenn die Einzelbeträge aus den unterschiedlichen Änderungsgründen nicht wesentlich sind.[267] **Abweichend davon** sind zahlungsunwirksame Änderungen gemäß DRS 21.35 ff. in wechselkurs-/bewertungsbedingte Änderungen einerseits und konsolidierungsbedingte Änderungen andererseits aufzuspalten und separat auszuweisen.[268]

264 Vgl. dazu im Anhang Abb. A1-A3 für den DRS 21, DRS 2 und IAS 7.
265 Vgl. dazu die drei Tätigkeitsbereiche im Einzelnen in Kapitel III.B.
266 Vgl. dazu das Gliederungsschema I („Direkte Methode") in: DRSC e.V. (Hrsg.) (2009), Anhang Tabelle 5.
267 Vgl. DRS 2.20 f. i.V.m. 45.
268 Vgl. Müller, S. (2014), in: Freidank,R./Kußmaul, H./Müller, S. (Hrsg.) (2014), S. 36 f.

So sind Wertänderungen auf Grund von Wechelkursänderungen[269] oder infolge sonstiger zahlungsunwirksamer Wertänderungen, wie die Zu- oder Abschreibungen von im Finanzmittelfonds ausgewiesenen Wertpapieren,[270] unterhalb der Ursachenrechnung gesondert auszuweisen.[271] Es besteht damit ein Unterschied im Ausweis nach **DRS 21**, der grundsätzlich sachgerechter und für den Bilanzleser einfacher zu ermitteln ist. Abweichend davon verlangt der **IAS 7** einen separaten Ausweis wechselkursbedingter Änderungen.[272] Unternehmen sollten weiter gehende Informationen über die Änderungen der Fondsabgrenzung und die sich daraus ergebenden Effekte auf die KFR geben.[273] Dies ist Gegenstand des folgenden Abschnitts.

Zusammenfassend ist festzuhalten, dass in der Fondsveränderungsrechnung der Ausweis zahlungsunwirksamer Änderungen nach der Neuregelung des DRS 21 in Folge der Separierbarkeit an IAS 7 angenähert, aber nicht mit diesem kompatibel ist. DRS 21 lässt abweichend von IAS 7 keinen gesonderten Ausweis wechselkursbedingter Änderungen zu.

---

269 Wie DRS 2 hat auch DRS 21 zwei Regelungen zur Währungsumrechnung. Zum einen werden in Anlehnung an den DRS 21.13 i.V.m. 35 Fremdwährungsbestände des Finanzmittelfonds nach § 308a/§ 256a HGB im Konzern-/Jahresabschluss grundsätzlich zum Devisenkassamittelkurs am Abschlussstichtag umgerechnet. Evtl. Wechselkursdifferenzen werden gesondert in der Fondsveränderungsrechnung ausgewiesen. Die gesetzliche Regelung gilt seit seiner Einführung standardunabhängig. Zum anderen sollen Zahlungen aus Fremdwährungstransaktionen innerhalb des Geschäftsjahres mit dem Wechselkurs des jeweiligen Zahlungszeitpunktes oder – vereinfachend – mit dem Periodendurchschnittskurs nach DRS 21.13 umgerechnet werden. Zahlungen nach DRS 2.22 sind analog IAS 7.25 f. generell mit dem zum Zahlungszeitpunkt gültigen Transaktionskurs umzurechnen. Bei unwesentlichen Effekten ist eine Näherungslösung in Form eines gewogenen Durchschnittskurses nach DRS 2.22 und IAS 7.27 zulässig. Die Umrechnung der Zahlungsmittelbewegungen zum aktuellen Stichtagskurs am Abschlussstichtag ist nach IAS 7.27 i.V.m. IAS 21 explizit ausgeschlossen.

270 Vgl. Ellrott, H./Förschle, G./Grottel, B./Kozikowski, M./Schmidt, S./Winkeljohann, N. (Hrsg.) (2012), in: Beck`scher Bilanzkommentar zu § 297 Ziff. 69; vgl. zu bewertungsbedingten Änderungen DRS 21.37 versus DRS 2.20.

271 Vgl. DRS 21.35 i.V.m. 37 versus DRS 2.20 f.; gleiches gilt für konsolidierungsbedingte Änderungen, soweit sie nicht direkt mit einem Erwerb oder einer Veräußerung von Anteilen an zu konsolidierenden Unternehmen zusammenhängen, vgl. dazu Baetge, J./Kirsch, H.-J./Thiele, S. (2015), S. 518; da themenbezogen der Jahresabschluss und nicht der Konzernabschluss diskutiert werden soll, werden konsolidierungsbedingte Änderungen im Folgenden nicht weiter behandelt, vgl. zur Themenabgrenzung Kapitel I.

272 Vgl. IAS 7.28.

273 In der Praxis erfolgen weitere bzw. ergänzende Angaben innerhalb des Jahresabschlusses grundsätzlich im Anhang, soweit der Posten wechselkurs- oder bewertungsbedingter Änderungen im Jahresabschluss wesentlich bzw. erklärungsbedürftig ist, vgl. dazu Kapitel III.D.

D. Ergänzende Angaben

Ergänzende Angaben sind nach DRS 21 wahlweise unter der KFR oder im Anhang auszuweisen.[274] **Analog DRS 2** sind es Angaben zum Finanzmittelfonds (Definition, Zusammensetzung, ggf. rechnerische Überleitung auf entsprechende Bilanzposten, auf quotal einbezogene Unternehmen zuzurechnende Bestände und Verfügungsbeschränkungen) und zu wesentlichen zahlungsunwirksamen Investitions- und Finanzierungsvorgängen sowie Geschäftsvorfälle.[275] **Abweichend vom DRS 2** sind keine (Pflicht-)Angaben zum Erwerb und Verkauf von Unternehmen und sonstigen Geschäftseinheiten i.S.v. DRS 2.52e) erforderlich.[276] Des Weiteren sind abweichend vom DRS 2.52b) keine Angaben zu den Auswirkungen von Änderungen der Definition des Finanzmittelfonds auf die Anfangs- und Endbestände sowie auf die Zahlungen der Vergleichsperiode notwendig.[277] Wird im Rahmen der indirekten Methode der operative Cashflow nicht vom Periodenergebnis aus ermittelt, sodass eine Überleitungsrechnung erforderlich ist, ist diese abweichend vom DRS 2 entweder unterhalb der KFR oder im Anhang vorzunehmen oder durch Verweis auf die GuV zu erläutern, soweit die Ausgangsgröße dort separat ausgewiesen ist.[278] Zu Zahlungen, die auf mehrere Tätigkeitsbereiche aufzuteilen sind, sind abweichend vom DRS 2 Angaben vorzunehmen, soweit die Zahlungsströme nach dem DRS 21.17 wesentlich sind. Eine solche oder vergleichbare Regelung sieht **IAS 7** ebenfalls nicht vor.[279]

Des Weiteren ist nach Streichung des IAS 7.29 eine Darstellung außerordentlicher Posten nicht gestattet, grundsätzlich auch nicht als ergänzende Angabe.[280] Auch umfassen die weiterführenden Angaben zum Finanzmittelfonds keine Definition des Finanzmittelbestands, wenn auch Informationen zur Zusammensetzung (ggf. einschließlich einer rechnerischen Überleitungsrechnung nach IAS 7.45), zu Beständen und Verfügungsbeschränkungen nach IAS 7.48 f. vorzunehmen sind. Analog DRS 21 sind zwar noch ergänzende Angaben zu notwendigen zahlungswirksamen Investiti-

---

274 Vgl. DRS 21.53.

275 Vgl. DRS 21.52 und DRS 2.52.

276 Vgl. DRS 21.B31: Sie sind aus DRSC-Sicht für das Verständnis der KFR nicht erforderlich.

277 Vgl. zur Begründung Rimmelspacher, D./Reitmeier, B. (2014), in: WPg 15/2014, S. 795.

278 Vgl. DRS 21.41.

279 Vgl. Pellens, B./Fülbier, R.U./Gassen, J./Sellhorn, T. (2011), S. 206: Die Autoren sehen dafür einen Beleg, dass die Zusatzangaben nach DRS 2 z.T. umfangreicher sind.

280 Die Angabe wesentlicher Posten kann nach dem Wesentlichkeitsgrundsatz aber notwendig und sinnvoll sein, vgl. Freiberg, J. (2013), in: Lüdenbach, N./Hoffmann, W.D. (Hrsg.) (2013), § 3 Rz. 95 f.; vgl. Kapitel II.C.

ons- und Finanzierungsvorgängen nach IAS 7.43 f. erforderlich. Abweichend vom DRS 21, sind aber in Anlehnung an DRS 2.52e) verschiedene Angaben zum Erwerb und Verkauf von Unternehmen und sonstigen Geschäftseinheiten vorzunehmen, die nach DRS 21.B28 i.V.m. 21.B31 abgelehnt werden.[281]

Darüber hinaus sind nach Literaturmeinung zum einen weitere Pflichtangaben mit einem Ausweiswahlrecht zu erhaltenen und gezahlten Zinsen bzw. Dividenden nach IAS 7.31 und zu Zahlungen i.Z.m. Ertragssteuern nach IAS 7.35 statt in der KFR im Anhang zulässig. Zum anderen formuliert IAS 7.50 weitergehende Anlageempfehlungen, sodass im Ergebnis DRS 21 – allein wegen der in dem Standard geringeren Anzahl an Ausweiswahlrechten – nicht so viele ergänzende Angaben vorweisen dürfte.[282] Darüber hinaus sind aber weiterführende Informationen zumindest notwendig, soweit der Jahresabschluss nach § 264 (2) S. 2 HGB sonst kein den tatsächlichen Verhältnissen entsprechendes Bild der Vermögens-, Finanz- und Ertragslage vermittelt.[283] In der Praxis sind jedoch die handelsrechtlichen Anhangsangaben weitaus weniger umfassend als nach dem IFRS-Regelwerk.

Zusammenfassend ist festzustellen, dass die ergänzenden Angaben nach DRS 21 die Angaben nach DRS 2 zwar modifizieren und teilweise auch ergänzen, jedoch deutlich weniger sind als nach IAS 7. Das begründet sich ggf. auch darin, dass der DRSC mit der Neuregelung weniger Ausweiswahlrechte zulässt, um so das bilanzpolitische Potenzial der KFR einschränken zu können. Eine Einschränkung bilanzpolitischer Maßnahmen durch den Bilanzersteller ist alleine wegen der Tragweite und Aussagekraft der KFR auch Gegenstand des folgenden Abschnitts.

E. Interpretation der Kapitalflussrechnung

Entscheidender Vorteil der KFR ist, dass die Zahlungsströme bilanzpolitisch nicht so ohne weiteres überformt werden können.[284] Schätzungen und Unsicherheiten wer-

---

281 Vgl. IAS 7.40; darüber hinaus werden in der Literatur weitere Pflichtangaben zur Ausübung zulässiger Wahlrechte, zu Änderungen bei der Zusammensetzung, Darstellungsform oder Ausübung von Wahlrechten im Vergleich zur Vorperiode sowie zur Methode der Währungsumrechnung im Falle von Zahlungsmitteländerungen ausländischer Töchter thematisiert, vgl. dazu auch im Folgenden Eiselt, A./Müller, S. (2014), S. 50 ff.

282 Vgl. Eiselt, A./Müller, S. (2014), S. 51.

283 Die Möglichkeit freiwilliger, in der Unternehmenspraxis üblicher Angaben insbesondere im Anhang i.S.v. DRS 2.55 wird auch im DRS 21.53 nicht (ausdrücklich) ausgeschlossen.

284 Vgl. zu weiteren Nennungen auch Lachnit, L (2004), S. 250; auch zusätzlich einbezogene Beträge kommen deshalb eher nicht in Betracht.

den bei der derivativen Ableitung der KFR i.Z.m. bilanzierten und bewerteten Posten des Abschlusses in der Datenbasis berücksichtigt, sodass zunächst von einer hohen Verlässlichkeit der Daten ausgegangen werden kann.[285] Die Relevanz des Jahresabschlusses für Management und Stakeholder wird durch eine KFR nachhaltig erhöht. Das Nutzenpotenzial von Rechnungswesendaten ist abhängig von deren Informationsgehalt und damit von deren Relevanz und Verlässlichkeit.[286] Der höchste Nutzen wird bei den Daten des externen Rechnungswesens grundsätzlich durch ihre bilanzanalytische Auswertung und Interpretation erzielt. Dazu ist zuerst eine zweckorientierte Aufbereitung der Daten erforderlich.[287] Eine auf dieser Basis entsprechend aufbereitete KFR kann z.B. wertvolle Informationen über die Insolvenzanfälligkeit des Unternehmens, seine Kreditwürdigkeit und evtl. Divergenzen zwischen dem ausgewiesenen Jahresergebnis und den zugehörigen Zahlungsströmen liefern.[288] Grundsätzlich ist davon auszugehen, dass die KFR wesentliche Informationen darüber bereithält, was für die Veränderung des **Finanzmittelfonds** ursächlich ist.[289] Das umfasst u.a. selbst erwirtschaftete Finanzmittel, zur Schuldentilgung und/oder Ausschüttung anstehende Mittel, langfristige Investitions- und Finanzierungsvorgänge sowie die Höhe und Ursachen der Liquiditätsveränderung.[290]

Eine Einschränkung bewirken aber sachverhaltsgestaltende Maßnahmen. So ist es beispielsweise zulässig, bei der zu Grunde liegenden Fondsabgrenzung mit abweichenden Begriffsdefinitionen zu arbeiten, sodass es bei einigen Unternehmen allein deshalb zu Unterschieden kommt.[291] Des Weiteren gibt es nach IAS 7 nicht einmal eine verpflichtend vorgeschriebene Mindestgliederung, was die Vergleichbarkeit zwischen den Unternehmen zusätzlich erschweren könnte, auch wenn zu bedenken ist, dass die Regelungen des DRSC grundsätzlich gesetzlich nicht verpflichtend sind.[292]

---

285 Vgl. Eiselt, A./Müller, S. (2014), S. 111.

286 Beides erhöht die Entscheidungsnützlichkeit von Informationen. Die Verlässlichkeit drückt sich in der Abbildungstreue, Verifizierbarkeit und in der Neutralität aus, vgl. dazu auch im Folgenden Müller, S. (2014), in: Freidank,R./Kußmaul, H./Müller, S. (Hrsg.) (2014), S. 44 ff.

287 Vgl. Meyer, M.A. (2007), S. 484.

288 Vgl. Kremin-Buch, B. (2000), S. 218; vgl. Wysocki, K.v. (1998), in: Wysocki, K.v. (Hrsg.) (2000), S. 7; vgl. Müller, S. (2014), in: Freidank,R./Kußmaul, H./Müller, S. (Hrsg.) (2014), S. 44 ff.: Aus Autorensicht kann die KFR als liquiditätsorientierte Ist-Erfolgsrechnung interpretiert werden. Im Falle eines längerfristigen Betrachtungshorizonts sei eine Annäherung von Gewinn und (Free) Cashflow anzunehmen, da die erfolgsrechnerischen Abgrenzungsbuchungen an Bedeutung verlören.

289 Vgl. Eiselt, A./Müller, S. (2014), S.109 f.

290 Vgl. Lachnit, L./Müller, S. (2012), S. 190.

291 Vgl. Müller, S. (2014), in: Freidank,R./Kußmaul, H./Müller, S. (Hrsg.) (2014), S. 47.

292 Vgl. zur Problematik der abweichenden Anwendung oder Nichtanwendung Kapitel II.B.

Dennoch wird in der Literatur die Meinung vertreten, dass die Neuregelung im DRS 21 eine präzisere Abgrenzung des Finanzmittelfonds im Vergleich zu dem DRS 2 vorsieht, die im Einklang mit IAS 7 steht.[293] Es ist kritisch anzumerken, dass die KFR nur die Fondsveränderung eines gesamten Geschäftsjahres abbilden kann, sodass unterjährige Informationen fehlen. Werden keine Vorjahreszahlen angegeben, geht obendrein ein weiterer wesentlicher Informationsgehalt verloren.[294] Letzteres betrifft auch die Vergleichbarkeit von Zahlungsströmen in den **einzelnen Aktivitätsformaten**, die auf ihre Richtigkeit und Angemessenheit zu überprüfen und bei offensichtlichen Fehlern zu korrigieren sind. Der so aufbereitete Cashflow kann als Instrument der Abschlussanalyse entsprechend helfen, mögliche abschlusspolitische Gestaltungen bei der Ermittlung des Jahresergebnisses (Erfolgsindikator) und den finanzwirtschaftlichen Überschuss aus der betrieblichen Erfolgstätigkeit der Berichtsperiode (Finanzindikator) aufzudecken.[295]

Zur Analyse der KFR ist die Ermittlung von Kennzahlen genauso sinnvoll, wie bei der Analyse der Bilanz oder der GuV.[296] Erster wichtiger Ansatzpunkt für die Auswertung ist die betragsmäßige Zusammensetzung des Gesamt-Cashflows, der in der Summe aber nur wenig informativ ist.[297] Der operative Cashflow hat Auskunft zu geben, ob die Einzahlungen die operativen Auszahlungen decken können.[298] Bezüglich der konkreten Ausgestaltung wird betriebswirtschaftlich die indirekte Methode als weniger aussagekräftig empfunden, auch wenn diese in der Praxis weit verbreitet ist.[299] Weitere Schwierigkeiten bereitet neben der unterschiedlichen Cashflow-Herleitung

293 Vgl. Kirsch, H. (2014), in: IRZ 7-8/2014, S. 272 f.

294 Vgl. grundlegend zur Problematik fehlender Vorjahreswerte Lühn, M. (2014), in: AdN Nr. 2014-02, S. 19.

295 Vgl. Küting, K./Weber, C.- P. (2009), S. 173 ff.

296 Vgl. zur kennzahlengestützten Analyse Eiselt, A./Müller, S. (2014), S.117 ff.: Mittlerweile ist eine Reihe von Cashflow-Kennzahlen entwickelt worden, die das Informationspotenzial der KFR ausschöpfen können. Theoretisch ist es möglich, jeden Zahlenwert der KFR zu einer beliebigen Verursachungsgröße in Beziehung zu setzen. Es werden von den Autoren einige Kennzahlen wie die Cashflow-Gesamtkapitalrentabilität, -Eigenkapitalrentabilität und die Cashflow-Umsatzrate als sinnvolle Kennzahlen vorgestellt. Zudem ermöglicht eine Cashflow-Verwendungsrechnung eine Interpretation im Hinblick auf das Ausmaß der mit dem Cashflow ermöglichten finanziellen Aufgabenerfüllung.

297 Vgl. Eiselt, A./Müller, S. (2014), S.114 ff.

298 Vgl. Ostmeier, V. (2004), S. 61; es ist zu berücksichtigen, dass der Cashflow ohne den in der Periode entstandenen Werteverzehr des Vermögens, also ohne Abschreibungen, sowie ohne die verursachte, aber erst in einer späteren Periode erfolgende Auszahlung aus Rückstellungen ermittelt wird. Des Weiteren ist für die Interpretation des Cashflows auch die Lebenszyklusphase des Unternehmens wesentlich, vgl. dazu Eiselt, A./Müller, S. (2014), S.115.

299 Vgl. zu diesem Problemkreis im Einzelnen Kapitel II.D.2 und III.B.1.b).

auch die z.T. abweichende Zuordnungsmöglichkeit von Ausweiswahlrechten zu einem der drei Teilbereiche.[300]

So können Wahlrechte einiger Rechnungslegungsnormen wie bei der Zuordnung von erhaltenen/gezahlten Zinsen und Dividenden nach IAS 7 in Abweichung von DRS 21 genutzt werden. Auch DRS 2.36 f. sieht lediglich eine grundsätzliche Zuordnungsregelung vor.[301] Dies und die Tatsache, dass es nach IAS 7 vielfältige Wahlrechte gibt, sind hinsichtlich der besseren Vergleichbarkeit und des gesteigerten Verständnisses für den Bilanzleser zu kritisieren.[302] Die Abschaffung der in DRS 2 bestehenden Wahlrechte in DRS 21 entspricht zwar nicht unmittelbar dem IAS 7, liegt aber innerhalb des Rahmens, den IAS 7 eröffnet.[303] Dennoch steht in der Literatur zur Diskussion, inwieweit die Zuordnung von erhaltenen Zinsen/Dividenden zur Investitionstätigkeit und von gezahlten Zinsen zur Finanzierungstätigkeit mit der in DRS 21.9 kodifizierten Definition zu den beiden Teilbereichen in Einklang steht.[304] Im DRS 21 verbleiben Ausweiswahlrechte, wie die Darstellung des operativen Cashflows nach der direkten oder indirekten Methode, wie die Wahl der Ausgangsgröße bei der indirekten Methode oder wie die Möglichkeit, branchen- bzw. unternehmensspezifisch abweichende Definitionen des Finanzmittelfondsbegriffs unter den **ergänzenden Angaben** vorzunehmen.[305] Auch mag die Zuordnung der Ertragssteuerzahlungen grundsätzlich im operativen Cashflow und nur in begründeten Ausnahmefällen im Investitions- oder Finanzierungsbereich zulässig sein. Aber auch diese Entscheidung trifft (zunächst nur) der Bilanzersteller.[306] Grundsätzlich wird in der Literatur die Meinung vertreten, dass diese Zuordnungsregelung wie die Abschaffung bisheriger Ausweiswahlrechte in DRS 2 kompatibel zu IAS 7 und dahingehend auch vertretbar ist.[307]

---

300 Vgl. Müller, S. (2014), in: Freidank,R./Kußmaul, H./Müller, S. (Hrsg.) (2014), S. 46 f.

301 Vgl. zu den einzelnen Ausweiswahlrechten in der Ursachenrechnung die Ausführungen in Kapitel III.B.1-3.

302 Vgl. zur Kritik an IAS 7 Müller, S. (2014), in: Freidank,R./Kußmaul, H./Müller, S. (Hrsg.) (2014), S. 51.

303 Vgl. Kirsch, H. (2014), in: IRZ 7-8/2014, S. 273.

304 Vgl. Lühn, M. (2014), in: AdN Nr. 2014-02, S. 19; noch weitergehend die Kritik von Lorson, P./Müller, S. (2014), in: DB 18/2014, S. 968: Demnach hat sich der Abstand zum IAS 7 sogar noch vergrößert.

305 Vgl. zu den ergänzenden Angaben im Einzelnen Kapitel III.D.

306 In der Literatur steht zur Diskussion, wie weitreichend das Ausweiwahlrecht im DRS 21 zu fassen ist, vgl. dazu Rimmelspacher, D./Reitmeier, B. (2014), in: WPg 15/2014, S. 794; vgl. dazu im Einzelnen Kapitel III.B.1-3.

307 Vgl. Kirsch, H. (2014), in: IRZ 7-8/2014, S. 273; abweichend davon vgl. Lorson, P./Müller, S. (2014), in: DB 18/2014, S. 967 ff.

Auch wenn die Literaturansicht geteilt werden sollte, dass sich DRS 21 im Vergleich zum DRS 2 in vielerlei Hinsicht an IAS 7 angenähert hat bzw. sogar alle Anforderungskriterien im Ergebnis erfüllt sein dürften,[308] so verbleiben doch Ausweiswahlrechte, Interpretationsspielräume mit bilanzpolitischem Potenzial sowie rechnungslegungsinduzierte Differenzen vor allem hinsichtlich des Ausweises der außerordentlichen Zahlungsströme, bzgl. der den aufgegebenen Geschäftsbereichen zuzuordnenden Zahlungen, in Bezug auf die aus Gemeinschaftsunternehmen resultierenden Cashflows und auch i.Z.m. der Abbildung von Herstellungsausgaben selbst geschaffener immaterielle Vermögensgegenstände/-werte.[309]

308 Vgl. Baetge, J./Kirsch, H.-J./Thiele, S. (2015), S. 524: Durch das sog. „Meistregelungsprinzip" dürften sämtliche Anforderungskriterien des IAS 7 auch für den DRS 21 zutreffen; vgl. insbesondere Kapitel III.A-D zur Fragestellung, ob und inwieweit das Kongruenzargument in der Neuregelung des DRS 21 seine Fortsetzung findet.

309 Zu den rechnungslegungsinduzierten Differenzen vgl. Kirsch, H. (2014), in: IRZ 7-8/2014, S. 274: Der Vollständigkeit halber sei darauf hingewiesen, dass nicht alle aufgeführten rechnungslegungsinduzierten Differenzen den Jahresabschluss betreffen (müssen).

IV. Zusammenfassung

In dieser Arbeit wurden im Wesentlichen zwei Problemkreise diskutiert. Zum einen wurde die Ausgestaltung der KFR auf Basis der Neuregelung des DRS 21 in Abgrenzung zum DRS 2 bzw. IAS 7 nach Gemeinsamkeiten und Unterschieden analysiert sowie interpretiert. Zum anderen wurde daraus ableitend untersucht, ob das Kongruenzargument mit der Neuregelung des DRS 21 seine Fortsetzung findet, da der DRSC nach eigenen Angaben eine grundlegende Überarbeitung des DRS 2 vornahm.

Auch wenn in der Literatur vereinzelt die Meinung vertreten wird, dass es sich bei dem DRS 21 um „keinen großen Wurf"[310] handele oder, dass es sogar zu einem größeren Abstand zur Regelung des IAS 7 gekommen sei,[311] so enthält die Neuregelung des DRS 21 gegenüber dem bisherigen DRS 2 unbestritten doch eine Reihe von Änderungen, Ergänzungen und Klarstellungen, die letztlich die ganze KFR betreffen und derzeit der Annäherung an den internationalen Standard dienen.[312]

Da sich aber in der Praxis die Tragweite der Kompatibilität auch vor dem Hintergrund der diskutierten Ausweiswahlrechte, rechnungslegungsinduzierten Differenzen und Interpretationsspielräume in einem sich stetig wandelnden (Rechts-)Umfeld[313] erst noch herausstellen muss, sind dauerhaft immer wieder evtl. Neuerungen und Modifikationen[314] für Erhalt und Fortsetzung der Harmonisierungsbestrebungen zu analysieren und ggf. in der Ausgestaltung von Kapitalflussrechnungen zu berücksichtigen.

So ließe sich für den Bilanzleser eine, dem internationalen Standard vergleichbare Transparenz auch langfristig gewährleisten, um nachteilige Veränderungen der Finanzlage frühzeitiger erkennen, besser darstellen und erläutern zu können.

---

310 Vgl. Müller, S. (2014a), in: BBK 9/2014, S. 446.

311 Vgl. Lorson, P./Müller, S. (2014), in: DB 18/2014, S. 968.

312 Vgl. u.a. Baetge, J./Kirsch, H.-J./Thiele, S. (2015), S. 524: Durch das sog. „Meistregelungsprinzip" dürften aus Autorensicht sämtliche Anforderungskriterien des IAS 7 auch für den DRS 21 zutreffen; vgl. Lühn, M. (2014), in: AdN Nr. 2014-02, S. 22; vgl. Kirsch, H. (2014), in: IRZ 7-8/2014, S. 274.

313 Hinsichtlich der aktuellen Änderungsvorschläge zu IAS 7 vgl. u.a. Institut der Wirtschaftsprüfer in Deutschland e.V. (Hrsg.) (2016), in: WPg 4/2016, S. 203; vgl. Institut der Wirtschaftsprüfer in Deutschland e.V. (Hrsg.) (2015c), in: WPg 2/2015, S. 52; zu den handelsrechtlichen Änderungen insbesondere aus BilRUG vgl. u.a. Zwirner, C./Petersen, K. (2015), in: WPg 16/2015, S. 811 ff.; vgl. Rimmelspacher, D./Reitmeier, B. (2015), in: WPg 19/2015, S. 1003 ff.

314 Zum aktuellen Diskussionsstand vgl. u.a. Kaindl, A. (2014), S. 3 ff.; vgl. Lorson, P./Müller, S. (2014), in: DB 18/2014, S. 965-971; vgl. Heuser, P.J./Theile, C. (Hrsg.) (2012) zu IAS 7 Tz. 7715 f.

Anhang

	Einzahlungen von Kunden für den Verkauf von Erzeugnissen, Waren und Dienstleistungen
-	Auszahlungen an Lieferanten und Beschäftigte
+/-	Sonstige Ein- und Auszahlungen, die nicht der Investitions- oder der Finanzierungstätigkeit zuzuordnen sind (Bruttoausweis)
+/-	Ein- und Auszahlungen aus außerordentlichen Posten (Bruttoausweis)
+/-	Ertragssteuerzahlungen
=	**Cashflow aus der laufenden Geschäftstätigkeit (direkte Methode)**
+	Einzahlungen aus Abgängen von Gegenständen des immateriellen Anlagevermögens
-	Auszahlungen für Investitionen in das immaterielle Anlagevermögen
+	Einzahlungen aus Abgängen von Gegenständen des Sachanlagevermögens
-	Auszahlungen für Investitionen in das Sachanlagevermögen
+	Einzahlungen aus Abgängen von Gegenständen des Finanzanlagevermögens
-	Auszahlungen für Investitionen in das Finanzanlagevermögen
+/-	Ein-/Auszahlungen aus Ab-/Zugängen aus dem Konsolidierungskreis (Bruttoausweis)
+/-	Ein-/Auszahlungen auf Grund von Finanzmittelanlagen im Rahmen der kurzfristigen Finanzdispositionen (Bruttoausweis)
+/-	Ein- und Auszahlungen aus außerordentlichen Posten (Bruttoausweis)
+	Erhaltene Zinsen/Dividenden
=	**Cashflow aus der Investitionstätigkeit**
+/-	Ein- und Auszahlungen aus Eigenkapitalzuführungen und -herabsetzungen von Gesellschaftern des Mutterunternehmens oder anderen Gesellschaftern (Bruttoausweis)
+/-	Ein-/Auszahlungen aus der Begebung/Tilgung von Anleihen und der Aufnahme von (Finanz-)Krediten (Bruttoausweis)
+	Einzahlungen aus erhaltenen Zuschüssen und Zuwendungen
+/-	Ein- und Auszahlungen aus außerordentlichen Posten (Bruttoausweis)
-	Gezahlte Zinsen und Dividenden an Gesellschafter des Mutterunternehmens/anderer Gesellschafter (Bruttoausweis)
=	**Cashflow aus der Finanzierungstätigkeit**
	(Zahlungswirksame Veränderungen des Finanzmittelfonds)
+/-	Wechselkurs-, konsolidierungs- und bewertungsbedingte Änderungen (z.T. separiert)
+	Finanzmittelfonds am Anfang der Periode
=	**Finanzmittelfonds am Ende der Periode**

Abbildung A1: Vereinfachtes Mindestgliederungsschema I des DRS 21[315]

315 In Anlehnung an das Mindestgliederungsschema I („Direkte Methode"), in: BMJV (2014), Anlage 1 Tabelle 5.

	Einzahlungen von Kunden für den Verkauf von Erzeugnissen, Waren und Dienstleistungen
-	Auszahlungen an Lieferanten und Beschäftigte
+	Sonstige Einzahlungen, die nicht der Investitions- oder Finanzierungstätigkeit zuzuordnen sind
-	Sonstige Auszahlungen, die nicht der Investitions- oder Finanzierungstätigkeit zuzuordnen sind
+/-	Ein- und Auszahlungen aus außerordentlichen Posten
=	**Cashflow aus der laufenden Geschäftstätigkeit (direkte Methode)**
+	Einzahlungen aus Abgängen von Gegenständen des Sachanlagevermögens
-	Auszahlungen für Investitionen in das Sachanlagevermögen
+	Einzahlungen aus Abgängen von Gegenständen des immateriellen Anlagevermögens
-	Auszahlungen für Investitionen in das immaterielle Anlagevermögen
+	Einzahlungen aus Abgängen von Gegenständen des Finanzanlagevermögens
-	Auszahlungen für Investitionen in das Finanzanlagevermögen
+	Einzahlungen aus dem Verkauf von konsolidierten Unternehmen und sonstigen Geschäftseinheiten
-	Auszahlungen aus dem Erwerb konsolidierter Unternehmen und sonstiger Geschäftseinheiten
+	Einzahlungen auf Grund von Finanzmittelanlagen im Rahmen der kurzfristigen Finanzdisposition
-	Auszahlungen auf Grund von Finanzmittelanlagen im Rahmen der kurzfristigen Finanzdisposition
=	**Cashflow aus der Investitionstätigkeit**
+	Einzahlungen aus Eigenkapitalzuführungen (Kapitalerhöhung, Verkauf eigener Anteile etc.)
-	Auszahlungen an Unternehmenseigener und Minderheitengesellschafter (Dividende, Erwerb eigener Anteile, Eigenkapitalrückzahlungen, andere Ausschüttungen)
+	Einzahlungen aus der Begebung von Anleihen und der Aufnahme von Krediten
-	Auszahlungen aus der Tilgung von Anleihen und Krediten
=	**Cashflow aus der Finanzierungstätigkeit**
	(Zahlungswirksame Veränderungen des Finanzmittelfonds)
+/-	Wechselkurs-, konsolidierungs- und bewertungsbedingte Änderungen (zusammengefasst)
+	Finanzmittelfonds am Anfang der Periode
=	**Finanzmittelfonds am Ende der Periode**

Abbildung A2: Vereinfachtes Mindestgliederungsschema I des DRS 2[316]

[316] In Anlehnung an das Gliederungsschema I („Direkte Methode") in: DRSC e.V. (Hrsg.) (2009), Anhang Tabelle 5; zur Fondsveränderungsrechnung vgl. Kapitel III.C.

	Einzahlungen von Kunden für den Verkauf von Erzeugnissen, Waren und Dienstleistungen
-	Auszahlungen an Lieferanten und Beschäftigte
+	Sonstige Einzahlungen, die nicht der Investitions- oder Finanzierungstätigkeit zuzuordnen sind
-	Sonstige Auszahlungen, die nicht der Investitions- oder Finanzierungstätigkeit zuzuordnen sind
-/+	Gezahlte Ertragssteuern
=	**Cashflow aus der betrieblichen Tätigkeit (direkte Methode)**
+	Einzahlungen aus Abgängen von Vermögenswerten des Sachanlagevermögens
-	Auszahlungen für Investitionen in das Sachanlagevermögen
+	Einzahlungen aus Abgängen von Vermögenswerten des immateriellen Anlagevermögens
-	Auszahlungen für Investitionen in das immaterielle Anlagevermögen
+	Einzahlungen aus Abgängen von Vermögenswerten des Finanzanlagevermögens
-	Auszahlungen für Investitionen in das Finanzanlagevermögen
+/-	Einzahlungen/Auszahlungen aus dem Erwerb und dem Verkauf von Tochterunternehmen und sonstigen Geschäftseinheiten
+	Erhaltene Zinsen und Dividenden
=	**Cashflow aus Investitionstätigkeit**
	Einzahlungen aus Eigenkapitalzuführungen
-	Auszahlungen an die Eigenkapitalgeber (Dividendenzahlung)
+	Einzahlungen aus der Begebung von Anleihen und der Aufnahme von Krediten (Zinszahlung)
-	Auszahlungen aus der Tilgung von Anleihen und Krediten
=	**Cashflow aus der Finanzierungstätigkeit**
	(Zahlungswirksame Veränderungen des Finanzmittelfonds)
+/-	Wechselkurs-, konsolidierungs- und bewertungsbedingte Änderungen (z.T. separiert)
+	Finanzmittelfonds am Anfang der Periode
=	**Finanzmittelfonds am Ende der Periode**

Abbildung A3: Möglicher Aufbau der KFR nach IAS 7[317]

[317] In Anlehnung an Pellens, B./Fülbier, R.U./Gassen, J./Sellhorn, T. (2011), S. 184 ff.: Diese Grafik wurde zum einen um erhaltene/gezahlte Dividenden und Zinsen ergänzt, vgl. dazu die Übersicht von Keitz, I.v./Grote, R./Hansmann, M. (2015), S. 58. Zum anderen besteht für Ertragssteuerzahlungen ein Ausweiswahlrecht nach IAS 7.35, das aber analog zur Abb. A3 grundsätzlich im betrieblichen Cashflow ausgewiesen wird; vgl. zum teilweise separierten Ausweis in der Fondsveränderungsrechnung die Analyse in Kapitel III.C.

Literaturverzeichnis

Adler, H./Düring, W./Schmaltz, K. (2002 ff.): Rechnungslegung nach Internationalen Standards. Stuttgart. Schäffer-Poeschel Verlag

Amen, M. (2008): Die Kapitalflussrechnung, in: Wysocki, K.v. u.a. (Hrsg.) (2008): Handbuch des Jahresabschlusses, Abt. IV/3. 43. Ergänzungslieferung. Köln. Verlag Dr. Otto Schmidt

Amen, M. (1998): Erstellung von Kapitalflussrechnungen. 2. ergänzte Auflage. München/Wien. R. Oldenbourg Verlag

Andresen, R. (2015): DRS 21: Neuerungen bei der Abbildung der Kapitalfussrechnung in der Konzernbilanzierung im Vergleich zum DRS 2, in: Der Betrieb 22/2015, S. 1233-1238. Düsseldorf. Handelsblatt Fachmedien

Baetge, J./Kirsch, H.-J./Thiele, S. (2015): Konzernbilanzen. 11. durgesehene Auflage. Düsseldorf. IDW Verlag

Baetge, J./Kirsch, H.-J./Thiele, S. (Hrsg.) (2015a): Schriften zum Revisionswesen – Aktuelle Entwicklungen in der Rechnungslegung und Prüfung – Herausforderungen und Perspektiven – Beiträge und Diskussionen zum 30. Münsterischen Tagesgespräch des Münsteraner Gesprächskreises Rechnungslegung und Prüfung e.V. am 11. Juni 2015. Düsseldorf. IDW Verlag

Baetge, J./Kirsch, H.-J./Thiele, S. (2011): Bilanzen. 11. aktualisierte Auflage. Düsseldorf. IDW Verlag

Baumann, H./Weiser, M.F. (2016): Zur Abgrenzung der nach DRS 21 in den Finanzmittelfonds einzubeziehenden kurzfristigen Schulden, in: DB 3/2016, S. 121-125. Düsseldorf. Handelsblatt Fachmedien

Bej, T. (2015): Die Kapitalflussrechung im wertorientierten Controlling – Unternehmen auf Basis von Free Cash Flows steuern. Wiesbaden. BestMasters Springer Gabler Verlag

Bundesministerium der Justiz und für Verbraucherschutz (BMJV) (2014): Bekanntmachung des Deutschen Rechnungslegungs Standards Nr. 21 (DRS 21) – Kapitalflussrechnung – des deutschen Rechnungslegungs Standards Committees e.V., Berlin, nach § 342 Absatz 2 des Handelsgesetzbuchs. Bundesanzeiger, in: Bundesanzeiger BAnz AT 08.04.2014 B2, S. 1-19. Berlin. Bundesministerium der Justiz und für Verbraucherschutz

Busse von Colbe, W./Ordelheide, D./Gebhardt, G./Pellens, B. (2010): Konzernabschlüsse – Rechnungslegung nach betriebswirtschaftlichen Grundsätzen sowie nach Vorschriften des HGB und der IAS/IFRS. 9. Auflage. Wiesbaden. Springer Gabler Verlag

Busse von Colbe, W. (1966): Aufbau und Informationsgehalt von Kapitalflussrechnungen, in: Zeitschrift für Betriebswirtschaft-Ergänzungsheft 1, S. 82-114. Wiesbaden. Gabler Verlag

Castan, E./Heymann, G./Müller, E./Ordelheide, D./Scheffler, E. (Hrsg.) (2001): Beck`sches Handbuch der Rechnungslegung. Band III/C620/Ergänzungslieferung Mai 2001. München. Verlag C.H. Beck

Coenenberg, A.G./Haller, A./Schultze, W. (2009): Jahresabschluss und Jahresabschlussanalyse – Betriebswirtschaftliche, handelsrechtliche, steuerrechtliche und internationale Grundsätze – HGB, IFRS, US-GAAP. 21. überarbeitete Auflage. Stuttgart. Schaeffer-Poeschel Verlag

Deutscher Rechnungslegungs Standards Committee e.V. (Hrsg.) (2009): Deutscher Rechnungslegungs Standard Nr. 2 (DRS 2). Berlin. DRSC e.V.

Eiselt, A./Müller, S. (2014): Kapitalflussrechnung nach IFRS und DRS 21 – Darstellung und Analyse von Cashflows und Zahlungsmitteln. 2. völlig neu bearbeitete Auflage. Berlin. Erich Schmidt Verlag

Eiselt, A./Müller, S. (2013): Kapitalflussrechnung: Kritische Würdigung der geplanten Änderungen durch E-DRS 28, in Betriebs-Berater 36/2013, S. 2155-2158. Frankfurt am Main. Verlagsgruppe Deutscher Fachverlag

Eiselt, A./Müller, S. (2008): Kapitalflussrechnung als Instrument der Corporate Governance, in: Zeitschrift für Corporate Governance 2/2008, S. 86-92. Berlin. Erich Schmidt Verlag

Ellrott, H./Förschle, G./Grottel, B./Kozikowski, M./Schmidt, S./Winkeljohann, N. (Hrsg.) (2012), in: Beck`scher Bilanzkommentar – Handels- und Steuerrecht §§ 238 bis 339, 342 bis 342e HGB mit IFRS-Abweichungen. 8. völlig neubearbeitete Auflage. München. Verlag C.H. Beck

Ernst, E. (2015): Aktuelle Entwicklung der DPR, in: Baetge, J./Kirsch, H.-J./Thiele, S. (Hrsg.) (2015a): Schriften zum Revisionswesen – Aktuelle Entwicklungen in der Rechnungslegung und Prüfung – Herausforderungen und Perspektiven – Beiträge und Diskussionen zum 30. Münsterischen Tagesgespräch des Münsteraner Gesprächskreises Rechnungslegung und Prüfung e.V. am 11. Juni 2015, S. 51-74. Düsseldorf. IDW Verlag

Federmann, R./Kußmaul, H./Müller. S. (Hrsg.) (2014): Handbuch der Bilanzierung – das gesamte Wissen zur Rechnungslegung nach HGB, EStG und IFRS. Ergänzungslieferung 9/2014/Heft 4/174/ Abschnitt 74e, S. 1-24. Freiburg i.Br. Haufe Verlag

Federmann, R.(1987): Außerordentliche Erträge und Aufwendungen in der GuV-Rechnung, in: Betriebs-Berater 16/1987, S. 1073-1077. Frankfurt am Main. Verlagsgruppe deutscher Fachverlag

Freiberg, J. (2013): Kapitalflussrechnung, in: Lüdenbach, N./Hoffmann, W.D./Freiberg, J. (Hrsg.) (2013): IFRS-Kommentar, § 3. 11. Auflage. Freiburg i.B. Haufe Verlag

Freidank, C.-C./Lachnit, L./Tesch, J. (Hrsg.) (2007): Vahlens Großes Auditing Lexikon. München. Verlag C.H. Beck/Verlag Franz Vahlen

Gebhardt, G. (2001): Kapitalflussrechnungen, in: Castan, E./Heymann, G./Müller, E./Ordelheide, D./Scheffler, E. (Hrsg.) (2001): Beck`sches Handbuch der Rechnungslegung. Band III/C620/Ergänzungslieferung Mai 2001. München. Verlag C.H. Beck

Gebhardt, G. (1999): Empfehlungen zur Gestaltung informativer Kapitalflussrechnungen nach internationalen Grundsätzen, in Betriebs-Berater 25/1999, S. 1314-1321. Frankfurt am Main. Verlagsgruppe deutscher Fachverlag

Heuser, P.J./Theile, C. (Hrsg.) (2012): IFRS Handbuch – Einzel- und Konzernabschluss. 5. überarbeitete Auflage. Köln. Verlag Dr. Otto Schmidt

Hirschberger, W. (2015): Auswirkungen handelsrechtlicher Wahlrechte auf die Kapitalflussrechnung nach DRS 21, in: Werner, J. (2015) (Hrsg.): 40 Jahre Duales Studium – Festschrift – Band 1: Beiträge aus der Fakultät Wirtschaft, S. 209-218. Berlin/Boston. Verlag Walter de Gruyter

Institut der Wirtschaftsprüfer in Deutschland e.V. (Hrsg.) (2016): Kapitalflussrechnung: Änderung von IAS 7, in: Die Wirtschaftsprüfung 4/2016, S. 203. Düsseldorf. IDW Verlag

Institut der Wirtschaftsprüfer in Deutschland e.V. (Hrsg.) (2015a): Prüfungsschwerpunkte der DPR für 2016, in: Die Wirtschaftsprüfung 24/2015, S. 1276-1277. Düsseldorf. IDW Verlag

Institut der Wirtschaftsprüfer in Deutschland e.V. (Hrsg.) (2015b): Enforcement – Europäische Enforcement-Schwerpunkte für Jahresabschlüsse 2015, in: Die Wirtschaftsprüfung 22/2015, S. 1165. Düsseldorf. IDW Verlag

Institut der Wirtschaftsprüfer in Deutschland e.V. (Hrsg.) (2015c): Kapitalflussrechnung: Änderung von IAS 7, in: Die Wirtschaftsprüfung 2/2015, S. 52. Düsseldorf. IDW Verlag

Institut der Wirtschaftsprüfer in Deutschland e.V. (Hrsg.) (2014a): Neue Enforcement-Entscheidungen in Europa, in: Die Wirtschaftsprüfung 24/2014, S. 1227. Düsseldorf. IDW Verlag

Institut der Wirtschaftsprüfer in Deutschland e.V. (Hrsg.) (2014b): DRS zur Kapitalflussrechnung bekannt gemacht, in: Die Wirtschaftsprüfung 9/2014, S. 457. Düsseldorf. IDW Verlag

Institut der Wirtschaftsprüfer in Deutschland e.V. (Hrsg.) (2012): WP Handbuch 2012 – Wirtschaftsprüfung, Rechnungslegung, Beratung, Band I. 14. Auflage seit 1945. Düsseldorf. IDW Verlag

Kaindl, A. (2014): Kapitalflussrechnung : Der nationalen Reform sollte eine auf internationaler Ebene folgen. München. GBI-Genios Deutsche Wirtschaftsdatenbank

Käfer, K. (1984): Kapitalflussrechnungen. 2. unveränderte Auflage. Stuttgart. Schäffer-Poeschel Verlag

Keitz, I.v./Grote, R./Hansmann, M. (2015): IFRS auf einen Blick – Praktische Bild-Text-Darstellung – übersichtlich nach Bilanzposten. Berlin. Erich Schmidt Verlag

Keitz, I.v. (2005): Praxis der IASB-Rechnungslegung : Best practice von 100 IFRS-Anwendern, in: Deutsche Treuhand-Gesellschaft AG (KPMG) (Hrsg.) (2005). 2. überarbeitete Auflage. Stuttgart. Schäffer-Poeschel Verlag

Kirsch, H. (2014): Kapitalflussrechnung nach DRS 21 – Ein Schritt zur Konvergenz mit IAS 7, in: Zeitschrift für Rechnungslegung 7-8/2014, S. 272-274. München/Linde u. Wien/Stämpfli u. Bern. Verlag C.H. Beck/Verlag Franz Vahlen

KPMG AG Wirtschaftsprüfungsgesellschaft (Hrsg.) (2012): IFRS visuell – Die IFRS in strukturierten Übersichten. 5. Überarbeitete Auflage. Stuttgart. Schäffer-Poeschel Verlag

Kremin-Buch, B. (2000): Internationale Rechnungslegung : Jahresabschluß nach HGB, IAS und US-GAAP : Grundlagen – Vergleich – Fallbeispiele. Wiesbaden. Springer Gabler Verlag

Kruth, B.-J. (Hrsg.) (2013): Liquidität durch finanzielle Flexibilität – Strategischer Erfolgsfaktor bei der Bewältigung von finanz- und realwirtschaftlichen Schocks. Science to Business GmbH Hochschule Osnabrück. Osnabrück. BuW Holding

Küting, K./Weber, C.-P. (2012): Der Konzernabschluss – Praxis der Konzernrechnungslegung nach HGB und IFRS. 13. Auflage. Stuttgart. Schäffer-Poeschel Verlag

Küting, K./Weber, C.-P. (2009): Die Bilanzanalyse – Beurteilung von Abschlüssen nach HGB und IFRS. 9. Auflage, Stuttgart. Schäffer-Poeschel Verlag

Lachnit, L./Müller, S. (2012): Unternehmenscontrolling : Managementunterstützung bei Erfolgs-, Finanz-, Risiko- und Erfolgspotenzialsteuerung. 2. überarbeitete und erweiterte Auflage. Wiesbaden. Springer Gabler Verlag

Lachnit, L. (2004): Bilanzanalyse : Grundlagen – Einzel- und Konzernabschlüsse – Internationale Abschlüsse – Unternehmensbeispiele. 1. Auflage. Wiesbaden. Springer Gabler Verlag

Lachnit, L. (1972): Zeitraumbilanzen : Ein Instrument der Rechnungslegung, Unternehmensanalyse und Unternehmenssteuerung. Berlin. Erich Schmidt Verlag

Lorson, P./Müller, S. (2014): Auswirkung von DRS 21 auf das Controlling – Zugleich Anmerkungen zur Konzern-GoB-Vermutung von DRS, in: Der Betrieb 18/2014, S. 965-971. Düsseldorf. Handelsblatt Fachmedien

Lüdenbach, N./Hoffmann, W.D./Freiberg, J. (Hrsg.) (2013): IFRS-Kommentar. 11. Auflage. Freiburg i.B. Haufe Verlag

Lühn, M. (2014): Kapitalflussrechnung nach DRS 21: Darstellung sowie Analyse und Würdigung der wesentlichen Unterschiede zu DRS 2 und IAS 7, in: Arbeitspapiere der Nordakademie Nr. 2014-02. Elmshorn. Nordakademie Hochschule der Wirtschaft

Mansch, H./Wysocki, K.v. (1996): Finanzierungsrechnung im Konzern, in: Zeitschrift für betriebswirtschaftliche Forschung-Sonderheft 37/1996. Düsseldorf. Handelsblatt Fachmedien

Meyer, M.A. (2007): Cashflow-Reporting und Cashflow-Analyse: Konzeption, Normierung, Gestaltungspotenzial und Auswertung von Kapitalflussrechnungen im internationalen Vergleich. Düsseldorf. IDW Verlag

Möller, H.-P./Zimmermann, J. (2007): Kapital- und Finanzflussrechnung, in: Freidank, C.-C./Lachnit, L./Tesch, J. (Hrsg.): Vahlens Großes Auditing Lexikon. München. Verlag C.H. Beck/Verlag Franz Vahlen

Müller, S. (02.2015): Kapitalflussrechnung nach DRS 21 im Praxiseinsatz – Gestaltungsempfehlungen für das Reporting und die interne Steuerung, in: Business Reporting : Zeitschrift für Berichterstattung und Dokumentation 02.2015, S. 52-56. Berlin. Erich Schmidt Verlag

Müller, S. (2014): Kapitalflussrechnung/Cashflow Statement, in: Federmann, R./Kußmaul, H./Müller. S. (Hrsg.) (2014): Handbuch der Bilanzierung – das gesamte Wissen zur Rechnungslegung nach HGB, EStG und IFRS. Ergänzungslieferung 9/2014/Heft 4/174/ Abschnitt 74e, S. 1-24. Freiburg i.Br. Haufe Verlag

Müller, S. (2014a): Konzernabschluss und IFRS – Kapitalfussrechnung nach DRS 21 – Neuerungen im Nachfolgestandard zu DRS 2, 2-10 und 2-20, in: BBK 9/2014, S. 434-446. Herne. Neuer Wirtschafts-Briefe Verlag

Müller, S. (2014b): DRS 21 Kapitalflussrechnung – Herausforderungen für die Corporate Governance, in: Zeitschrift für Corporate Governance 3/2014, S. 137-141. Frankfurt am Main. Verlagsgruppe Deutscher Fachverlag

Ostmeier, V. (2004): Das Informationspotenzial neuerer Rechnungslegungsinstrumente in International Financial Reporting Standards (IAS, IFRS) basierten Jahresabschlüssen und seine Nutzung für die Abschlussanalyse. Europäische Hochschulschriften : Reihe 5. Volks- und Betriebswirtschaft Band 3065. Frankfurt am Main/Berlin/Bern/Bruxelles/New York/Oxford/Wien/Lang

Pellens, B./Fülbier, R.U./Gassen, J./Sellhorn, T. (2011): Internationale Rechnungslegung – IFRS 1 bis 9, IAS 1 bis 41, IFRIC-Interpretationen, Standardentwürfe – Mit Beispielen, Aufgaben und Fallstudie. 8 Auflage. Stuttgart. Schäffer-Poeschel Verlag

PWC (2002): Understanding IAS. Analysis and Interpretation of International Accounting Standards. Third Edition. London. Verlag PWC

Rimmelspacher, D./Reitmeier, B. (2015): Anwendungsfragen zum (Konzern-)Anhang nach BilRUG, in: Die Wirtschaftsprüfung 19/2015, S. 1003-1010. Düsseldorf. IDW Verlag

Rimmelspacher, D./Reitmeier, B. (2014): DRS 21: Neue Grundsätze für die handelsrechtliche Kapitalflussrechnung, in: Die Wirtschaftsprüfung 15/2014, S. 789-795. Düsseldorf. IDW Verlag

Seppelfricke, P. (2012): Handbuch Aktien- und Unternehmensbewertung – Bewertungsverfahren, Unternehmensanalyse, Erfolgsprognose. 4. überarbeitete Auflage. Stuttgart. Schäffer-Poeschel Verlag

Sonnabend, M./Raab, H. (2008): Kapitalflussrechnung nach IFRS : Anforderungen und Gestaltungsmöglichkeiten. München. Verlag Franz Vahlen

Stahn, F. (2000): Der Deutsche Rechnungslegungsstandard Nr. 2 (DRS 2) zur Kapitalflussrechnung aus praktischer und analytischer Sicht, in: Der Betrieb 5/2000, S. 233-238. Düsseldorf. Handelsblatt Fachmedien

Werner, J. (2015) (Hrsg.): 40 Jahre Duales Studium – Festschrift – Band 1: Beiträge aus der Fakultät Wirtschaft. Berlin/Boston. Verlag Walter de Gruyter

Wöhe, G./Döring, U. (2013): Einführung in die Allgemeine Betriebswirtschaftslehre. 25. überarbeitete und aktualisierte Auflage. München. Verlag Franz Vahlen

Wüstemann, J. (2015): Rückstellungsbewertung in Handels- und Steuerbilanz im Niedgrigzinsumfeld – Bilanztheoretische Analyse und normative Würdigung, in: Baetge, J./Kirsch, H.-J./Thiele, S. (Hrsg.) (2015a): Schriften zum Revisionswesen – Aktuelle Entwicklungen in der Rechnungslegung und Prüfung – Herausforderungen und Perspektiven – Beiträge und Diskussionen zum 30. Münsterischen Tagesgespräch des Münsteraner Gesprächskreises Rechnungslegung und Prüfung e.V. am 11. Juni 2015, S. 95-133. Düsseldorf. IDW Verlag

Wysocki, K.v. u.a. (Hrsg.) (2008): Handbuch des Jahresabschlusses. 43. Ergänzungslieferung. Köln. Verlag Dr. Otto Schmidt

Wysocki, K.v. (1999): DRS 2 – Neue Regeln des Deutschen Rechnungslegungs Standards Committee zur Aufstellung von Kapitalflußrechnungen, in: Der Betrieb 47/1999, S. 2373-2378. Düsseldorf. Handelsblatt Fachmedien

Wysocki, K.v. (1998): Grundlagen, nationale und internationale Stellungnahme zur Kapitalflussrechnung, in: Wysocki, K.v. (Hrsg.): Kapitalflussrechnung, S. 1-33. Stuttgart. Schäffer-Poeschel Verlag

Wysocki, K.v. (1998): Kapitalflußrechnung. Stuttgart. Schäffer-Poeschel Verlag

Zimmermann, J./Werner, J.R./Hitz, J.-M. (2015): Buchführung und Bilanzierung nach IFRS und HGB – Eine Einführung mit praxisnahen Fällen. 3. aktualisierte und erweiterte Auflage. Hallbergmoos. Verlag Pearson Deutschland

Zirkler, B. (2015): Geleitwort, in: Bej, T. (2015): Die Kapitalflussrechung im wertorientierten Controlling – Unternehmen auf Basis von Free Cash Flows steuern. Wiesbaden. BestMasters Springer Gabler Verlag

Zwirner, C./Petersen, K. (2015): Wie reformiert das BilRUG das Bilanzrecht? – Wesentliche Änderungen für Einzel- und Konzernabschluss sowie Offenlegung, in: Die Wirtschaftsprüfung 16/2015, S. 811-816. Düsseldorf. IDW Verlag

EINZELSCHRIFTEN

Amaliny Yoganathan-Hasselbeck
Vergabe von Patentlizenzen an ausländische Patentverletzer – Eine empirische Analyse auf Grundlage der Transaktionskostentheorie
Lohmar – Köln 2016 • 256 S. • € 62,- (D) • ISBN 978-3-8441-0485-1

Benjamin Brucker
Gesellschafterkontenabgrenzung einer inländischen Personenhandelsgesellschaft und deren Bedeutung in ausgewählten ertragsteuerlichen Normen
Lohmar – Köln 2016 • 348 S. • € 70,- (D) • ISBN 978-3-8441-0488-2

Christian Dienes
On the Behaviour and Attitudes of Firms and Individuals Towards Resource Efficiency and Climate Change Mitigation
Lohmar – Köln 2016 • 124 S. • € 48,- (D) • ISBN 978-3-8441-0493-6

Murat Aksu
Das Vertrauen der Kunden als Wettbewerbsvorteil einer Bank
Lohmar – Köln 2017 • 252 S. • € 62,- (D) • ISBN 978-3-8441-0494-3

Andreas Förster
Kapitalmarktfriktionen und Konjunkturschwankungen
Lohmar – Köln 2017 • 88 S. • € 44,- (D) • ISBN 978-3-8441-0497-4

Ege-Aksel Kilincsoy
Einkommenstheorien im deutschen Einkommensteuerrecht – Reinvermögenszugangstheorie, Quellentheorie, Markteinkommenstheorie
Lohmar – Köln 2017 • 112 S. • € 48,- (D) • ISBN 978-3-8441-0501-8

Andreas Schmidt
Ausgestaltung und Analyse der Kapitalflussrechnung im Jahresabschluss – Nach HGB und IFRS
Lohmar – Köln 2017 • 92 S. • € 46,- (D) • ISBN 978-3-8441-0502-5